GV – CNC
실기 · 실무
활용서

예문사

 **GV-CNC**

라이선스
신청안내

GV-CNC 학생용 라이선스

특성화고, 대학, 직업훈련기관에 재학 중인 학생이나 개인학습, 자격증 취득을 준비하는
일반인들에게 도움이 되고자 라이선스를 지원하고 있습니다.

GV-CNC 라이선스 신청 방법

❶ **큐빅테크 홈페이지**(www.cubictek.co.kr)에 접속하여 회원 가입 후 **로그인**

❷ **[고객지원]** 하위의 **[라이선스 요청]** 선택

❸ **글쓰기**를 클릭하여 라이선스 **요청**
　*글쓰기 권한은 가입 후 1~2일 소요

❹ **PC정보**(Security ID, HDS Address) 입력 후 **라이선스 요청 등록**
　* PC정보는 큐빅테크 홈페이지 [고객지원] 하위 [라이선스 요청]의
　　공지사항 참고

❺ 라이선스 파일은 라이선스 요청글의 답변에 **첨부파일로 제공**됩니다.

SCAN ME

상세 매뉴얼

GV-CNC 프로그램 다운로드

❶ **큐빅테크 홈페이지**(www.cubictek.co.kr) 접속

❷ **[고객지원]** 하위의 **[다운로드]** 선택

❸ **시뮬레이션** 탭 선택

❹ GV-CNC 게시물 내 **다운로드**

SCAN ME

신청 영상

GV-CNC

CNC 공작기계 교육 훈련용 시뮬레이터의 글로벌 표준

- 실제 장비와 유사한 (CNC선반, MCT)조작
- NC검증 기능으로 프로그램 작성 시 오류 최소화
- 실제와 유사한 제조사별 컨트롤러 화면 제공
  (FANUC 0i, SENTROL2 / 화천, 두산, 위아)
- 공구 라이브러리 및 원점 세팅 도구 제공
- 모의가공 결과 검증 및 측정 기능 제공
- 국가기술자격 시험에서 검증용으로 사용

CNC 선반 시뮬레이터

머시닝 센터 시뮬레이터

NC Editor

NX

설계부터 제조, 해석까지 통합된 디지털 3D 설계 솔루션

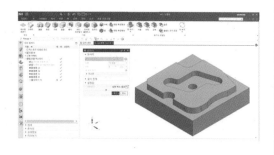

- 패키지 하나로 모든 설계 과제 수행
- 고성능 모델링과 어셈블리, 제도 기능으로
  별도의 2D CAD 프로그램 불필요
- 간단한 NC 프로그래밍부터 고속 절삭 및
  다중 축 가공까지 가능한 NX CAM 제공
- 손쉬운 공구 경로 설정과 가공 시뮬레이션
  으로 국가기술자격 시험을 한번에 해결

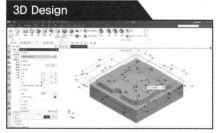
3D Design

CAM 프로그래밍

(주)큐빅테크 대표전화 1600-0121 | www.cubictek.co.kr 서울특별시 구로구 디지털로 272 한신 IT타워 301호

(주)큐빅테크는

국내 최초의 CAM 시스템 개발을 시작으로 CAE, Simulation, 생산 자동화, 자동화 장비 등의 제품을 개발/공급해 온 소프트웨어 전문 회사입니다.

30여 년간 교육현장에서 사랑받아온 큐빅테크는 다양하고 우수한 서비스와 솔루션을 제공합니다.

EDU Solution

CAD/CAM/Simulation 전반적인 모든 부분의 Solution 제공

Simulation Solution
- GV-CNC(CNC 공작기계 교육훈련 Solution)
- V-AMT(자동화 장비 유관 자격증 취득용 Solution)
- Automation Studio(자동화 프로젝트 시뮬레이션 Solution)
- Tecnomatix(로봇 및 자동화 Solution)

CAD/CAM Solution
- NX(통합 3D 설계 Solution)
- Etc. CAD/CAM

EDU CAD/CAM/Simulation 교육 콘텐츠

교육기관 대상 CAD/CAM/Simulation프로그램 공급

- NX, GV-CNC 외 다양한 Etc 3D 설계 솔루션 제공
- 자격 시험 자료 및 콘텐츠 지원
- 실시간 원격 및 유선, 대면 기술 지원
- 네이버 카페, 유튜브 채널 등 온라인 학습 플랫폼 운용

기술 교육 백서
Technical Education

큐빅테크 채널
CUBICTEK Channel

네이버 카페
NAVER Cafe

학생 라이선스
Student License

실기·실무에
즉시 활용할 수 있는 **수준 높은**
CNC **교육훈련 Solution**

GV–CNC는 큐빅테크에서 개발한 CNC 공작기계 교육훈련 Solution입니다.
실제 제조사별 CNC장비와 유사한 컨트롤러 화면을 제공할 뿐만 아니라
공구 라이브러리 및 원점 세팅 도구, 그리고 모의가공 결과 검증 및 측정 기능까지 제공되기 때문에
국가기술자격 시험에서 검증용으로 사용되고 있습니다.

교육용으로 CNC 장비를 도입한다는 것은 설치 장소문제와 장비 자체가 고가이기 때문에
설치가 되더라도 사용 시간에 따른 교육인원이 제한적이므로 교육 집중도, 참여도, 성과 등에서
투자 대비 떨어질 수밖에 없는 실정입니다.

그런 점에서 GV–CNC는 일반 PC에서 간단하게 설치해서 훈련할 수 있는 Solution이므로
교육장소가 별도로 필요 없고, 교육에 대한 참여도, 집중도, 성과 등을
높은 수준으로 끌어올릴 수 있을 것입니다.

이 책은 GV–CNC 사용법과 국가기술자격 시험 컴퓨터응용선반기능사, 컴퓨터응용가공산업기사,
기계가공기능장 실기시험 문제와 풀이 과정을 수록하였습니다.

다솔유캠퍼스는 기계공학교육의 상향 평준화를 위해
1996년 이래 교재 집필과 교육에 매진해 오고 있습니다.
다솔유캠퍼스 연구진들의 땀과 정성으로 만든 이 책이
누군가에게는 기회를 만들 수 있는 초석이 되었으면 하는 바람입니다.

다솔유캠퍼스

Creative Engineering Drawing

Dasol U-Campus Book

1996

전산응용기계설계제도

1998

제도박사 98 개발
기계도면 실기/실습

2001

전산응용기계제도 실기
전산응용기계제도기능사 필기
기계설계산업기사 필기

2007

KS규격집 기계설계
전산응용기계제도 실기 출제도면집

2008

전산응용기계제도 실기/실무
AutoCAD-2D 활용서

1996

다솔기계설계교육연구소

2002

(주)다솔리더테크
신기술벤처기업 승인

2000

㈜다솔리더테크
설계교육부설연구소 설립

2008

다솔유캠퍼스 통합

2010

자동차정비
강의 서비스

2001

다솔유캠퍼스 오픈
국내 최초 기계설계제도
교육 사이트

2012

홈페이지 1차

Since 1996

Dasol U-Campus

다솔유캠퍼스는 기계설계공학의 상향 평준화라는 한결같은 목표를 가지고 1996년 이래 교재 집필과 교육에 매진해 왔습니다.
앞으로도 여러분의 꿈을 실현하는 데 다솔유캠퍼스가 기회가 될 수 있도록 교육자로서 사명감을 가지고 더욱 노력하는 전문교육기업이 되겠습니

2017

CATIA-3D 실무 실습도면집
3D 실기 활용서 시리즈(신간)

2018

기계설계 필답형 실기
권사부의 인벤터-3D 실기

2019

박성일마스터의 기계 3역학
홍쌤의 솔리드웍스-3D 실기

2020

일반기계기사 필기
컴퓨터응용가공선반기능사
컴퓨터응용가공밀링기능사

11

응용제도 실기/실무(신간)
규격집 기계설계
규격집 기계설계 실무(신간)

12

CAD-2D와 기계설계제도

13

출제도면집

2014

NX-3D 실기활용서
인벤터-3D 실기/실무
인벤터-3D 실기활용서
솔리드웍스-3D 실기/실무
솔리드웍스-3D 실기활용서
CATIA-3D 실기/실무

2015

CATIA-3D 실기활용서
기능경기대회 공개과제 도면집

2016

오프라인
원데이클래스

2017

오프라인
투데이클래스

2013

홈페이지 2차 개편

2015

홈페이지 3차 개편
단체수강시스템 개발

2018

국내 최초 기술교육전문
동영상 자료실 「채널다솔」 오픈

2018 브랜드선호도 1위

2020

Live클래스
E-Book사이트(교사/교수용)

이 책의 차례 CONTENTS

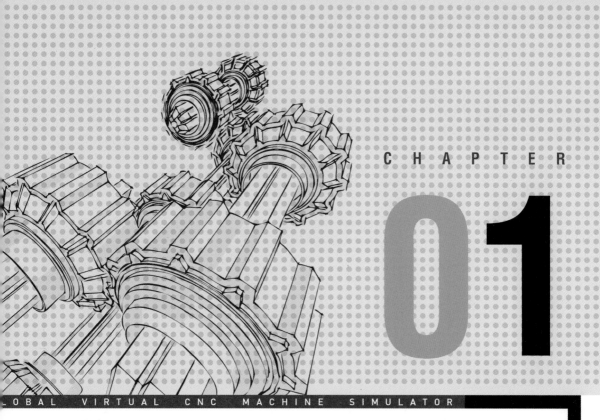

GV – CNC의 개요

■ 사용자 인터페이스

1. 프로그램 실행하기

① 윈도우 바탕화면에서 GV-CNC의 단축 아이콘(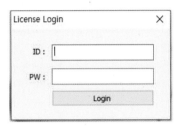)을 더블클릭한 후 아래 그림과 같이 로그인 화면창이 뜨면 ID와 Password를 입력 후 프로그램을 실행한다.

| 로그인 화면 |

② 아래 그림과 같이 프로그램 선택화면이 표시되면 TURNING Center, MACHINING Center, NC Editor 중 원하는 프로그램을 선택하여 실행한다.

| 프로그램 선택화면 |

2. NC Editor 화면구성

NC Editor는 프로그램을 작성 및 편집하는 NC 편집 모드와 공구경로를 확인하는 시뮬레이션 모드로 구성되어 있다.

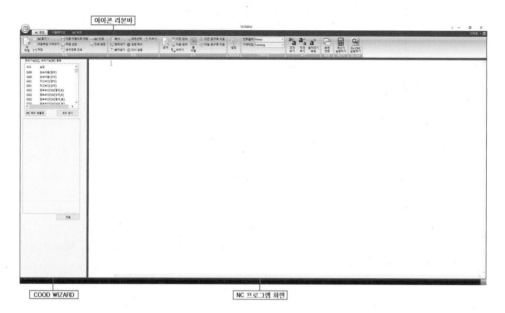

| NC 편집 모드 |

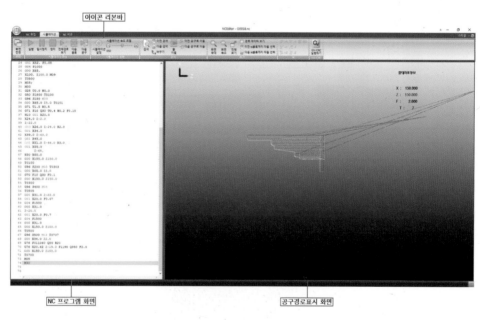

| 시뮬레이션 모드 |

1) NC 편집 모드 아이콘 리본바

NC 편집 모드 아이콘	내용
	새 파일 열기, NC파일 열기, 저장 및 NC 프로그램 인쇄 등이 있다.
	작성된 NC 프로그램을 편집하는 기능으로 윈도우 단축키와 동일하게 사용한다. (예) 복사 : Ctrl+C, 잘라내기 : Ctrl+V
	작성된 NC코드 내용을 검색하는 기능이 있다.
	NC Editor 환경설정 아이콘이다.
	컨트롤러의 종류(Fanuc/Sentrol/Mitsubishi)와 기계 타입(Turning/Milling)을 선택할 수 있다.
	NC 편집 화면의 글자크기를 확대 및 축소하여 보는 기능이다.
	NC 편집 화면에서 시뮬레이션 화면으로 화면을 전환하는 기능이다.
	공학용 계산기 기능이다.
	GV-CNC 시뮬레이터를 실행하여 현재 작업 중인 NC를 시뮬레이터에서 모의가공을 한다.

2) 시뮬레이션 모드 아이콘 리본바

시뮬레이션 모드 아이콘	내용
화면 전환 화면	NC 편집 모드로 화면이 전환된다.
실행 일시정지 정지 전체경로 보기 다음 블록 다음 공구 시뮬레이션 메뉴	공구경로 시뮬레이션 방법을 선택한다.
시뮬레이션 속도 조절 시뮬레이션 설정 050 시뮬레이션 설정	시뮬레이션 속도를 조절할 수 있다.
검색 이전 검색 다음 검색 바꾸기 이전 공구로 이동 다음 공구로 이동 이동 검색	작성된 NC코드 내용을 검색하는 기능이 있다.
화면 확대 화면 축소 전체 보기 경로 데이터 보기 이전 N블록까지 자동 선택 다음 N블록까지 자동 선택 보기	시뮬레이션 화면 확대 축소 및 NC 프로그램에서 선택한 블록의 경로를 확인한다.
+X -X ISO +Y -Y +Z -Z 류	기계 타입이 Milling일 때만 활성화되며, 공구경로 보기 방향을 선택할 수 있다.
GV-CNC 실행하기 GV-CNC	GV-CNC 시뮬레이터를 실행하여 현재 작업 중인 NC를 시뮬레이터에서 모의가공을 한다.

┃참고

공구경로 화면에서의 마우스 조작법(3버튼 휠 마우스)

작업	조작 방법
줌 인/줌 아웃	• 공구경로표시 화면 위에서 마우스 휠 굴리기
화면 이동	• 공구경로표시 화면 위에서 마우스 왼쪽 버튼 누른 상태에서 마우스 움직이기 • 키보드 [Ctrl]+마우스 왼쪽 버튼 누른 상태에서 움직이기
실시간 줌	• 일명 돋보기 기능으로 실시간으로 화면 확대 축소 기능 • 공구경로표시 화면 위에서 마우스 오른쪽 버튼 누른 상태에서 마우스 움직이기 • 키보드 [Ctrl]+마우스 오른쪽 버튼 누른 상태에서 움직이기
화면 회전	• 기계 타입이 Milling인 경우 사용 가능 • 공구경로표시 화면 위에서 마우스 휠 누른 상태에서 마우스 움직이기 • 키보드 [Ctrl]+마우스 휠 누른 상태에서 움직이기
전체 화면	• 아이콘 메뉴→보기→전체보기 아이콘 클릭

3. 터닝센터(Turning Center) 화면구성

터닝센터는 메인 메뉴(아이콘 메뉴), 시뮬레이션 화면, 가공화면, 컨트롤러 화면으로 구성되어 있다.

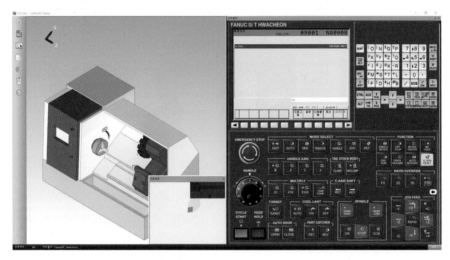

| 터닝센터 화면 |

1) 메인 메뉴(아이콘 메뉴)

설정, NC파일, 화면, 프로젝트, 검증, NC Editor, 도움말 아이콘이 있다.

아이콘		명령어	내용
	⚙	설정	기계, 컨트롤러 종류 선택, 공구 설정, 공작물 설정, 공작물 원점 설정, 시뮬레이터 실행 환경 등을 설정하는 대화상자가 나타난다.
	NC	NC파일	NC코드를 저장, 열기 및 인쇄할 수 있는 대화상자가 나타난다.
	🖼	화면	기계 윈도우 상의 기계 모델을 확대/축소, 뷰 방향 설정 및 기계 형상 표시/숨김, 단면보기, 컨트롤러 윈도우 및 가공화면 윈도우 보기를 할 수 있다.
	📄	프로젝트	현재 시뮬레이션 환경을 1개의 파일로 저장하거나 열 수 있다.
	⊩	검증	가공한 공작물의 치수를 검증하는 화면으로 전환된다.
	📋	NC 에디터	시뮬레이션 중인 NC코드를 Editor로 전송하여 편집기 화면을 띄운다.
	?	도움말	실습예제 및 버전 정보를 확인할 수 있다.

2) 시뮬레이션 화면

시뮬레이션 화면에서는 기계 구성 요소들과 공작물이 가공되는 모습을 확인할 수 있다.

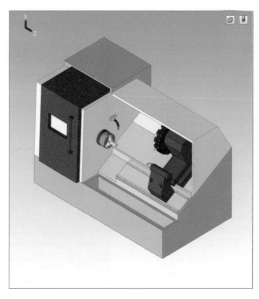

| 시뮬레이션 화면 |

참고

시뮬레이션 화면에서의 마우스 조작법(3버튼 휠 마우스)

작업	조작 방법
줌 인/줌 아웃	• 시뮬레이션 화면 위에서 마우스 휠 굴리기
화면 이동	• 시뮬레이션 화면 위에서 마우스 왼쪽 버튼 누른 상태에서 마우스 움직이기 • 시뮬레이션 화면 위에서 키보드 Ctrl+마우스 왼쪽 버튼 누른 상태에서 마우스 움직이기 • 시뮬레이션 화면 위에서 키보드 Ctrl+마우스 휠 누른 상태에서 마우스 움직이기
화면 회전	• 시뮬레이션 화면 위에서 휠 누른 상태에서 마우스 움직이기 • 시뮬레이션 화면 위에서 마우스 왼쪽 버튼+마우스 오른쪽 버튼 누른 상태에서 마우스 움직이기
전체 화면	화면 아이콘( ) 클릭 → 전체보기 클릭

TIP 키보드 Shift 키를 누른 상태에서 줌 인/줌 아웃, 화면 이동, 화면 회전을 하면 미세한 조절이 가능하다.

TIP 시뮬레이션 화면에서 마우스 오른쪽 버튼을 클릭하면 팝업메뉴가 표시된다.

3) 가공화면

공구의 끝 부분에 시점을 고정시켜 놓은 화면으로 마우스 휠 굴리기를 통하여 줌 인/줌
아웃이 가능하다.

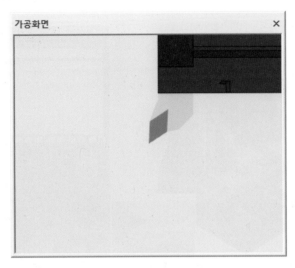

| 가공화면 |

4) 컨트롤러 화면

컨트롤러 화면은 CRT 화면, 키패드, 조작판으로 구성되어 있다.

| 컨트롤러 화면 |

4. 머시닝센터(Machining Center) 화면구성

머시닝센터는 메인 메뉴(아이콘 메뉴), 시뮬레이션 화면, 가공화면, 컨트롤러 화면으로 구성되어 있다.

| 머시닝센터 화면 |

1) 메인 메뉴(아이콘 메뉴)

설정, NC파일, 화면, 프로젝트, 검증, NC Editor, 도움말 아이콘이 있다.

아이콘		명령어	내용
	⚙	설정	기계, 컨트롤러 종류 선택, 공구 설정, 공작물 설정, 공작물 원점 설정, 시뮬레이터 실행 환경 등을 설정하는 대화상자가 나타난다.
	NC	NC파일	NC코드를 저장, 열기 및 인쇄할 수 있는 대화상자가 나타난다.
	🖱	화면	기계 윈도우 상의 기계 모델을 확대/축소, 뷰 방향 설정 및 기계 형상 표시/숨김, 단면보기, 컨트롤러 윈도우 및 가공화면 윈도우 보기를 할 수 있다.
	📄	프로젝트	현재 시뮬레이션 환경을 1개의 파일로 저장하거나 열 수 있다.
	⬇	검증	가공한 공작물의 치수를 검증하는 화면으로 전환된다.
	📋	NC 에디터	시뮬레이션 중인 NC코드를 Editor로 전송하여 편집기 화면을 띄운다.
	?	도움말	실습예제 및 버전 정보를 확인할 수 있다.

2) 시뮬레이션 화면

시뮬레이션 화면에서는 기계 구성 요소들과 공작물이 가공되는 모습을 확인할 수 있다.

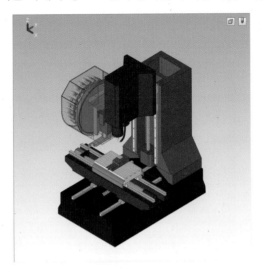

| 시뮬레이션 화면 |

참고

시뮬레이션 화면에서의 마우스 조작법(3버튼 휠 마우스)

작업	조작 방법
줌 인/줌 아웃	• 시뮬레이션 화면 위에서 마우스 휠 굴리기
화면 이동	• 시뮬레이션 화면 위에서 마우스 왼쪽 버튼 누른 상태에서 마우스 움직이기 • 시뮬레이션 화면 위에서 키보드 Ctrl+마우스 왼쪽 버튼 누른 상태에서 마우스 움직이기 • 시뮬레이션 화면 위에서 키보드 Ctrl+마우스 휠 누른 상태에서 마우스 움직이기
화면 회전	• 시뮬레이션 화면 위에서 휠 누른 상태에서 마우스 움직이기 • 시뮬레이션 화면 위에서 마우스 왼쪽 버튼+마우스 오른쪽 버튼 누른 상태에서 마우스 움직이기
전체 화면	화면 아이콘(⬛) 클릭 → 전체보기 클릭

TIP 키보드 Shift 키를 누른 상태에서 줌 인/줌 아웃, 화면 이동, 화면 회전을 하면 미세한 조절이 가능하다.

TIP 시뮬레이션 화면에서 마우스 오른쪽 버튼을 클릭하면 팝업메뉴가 표시된다.

3) 가공화면

공작물에 시점을 고정시켜 놓은 화면으로 마우스 휠 굴리기를 통하여 줌 인/줌 아웃이
가능하다.

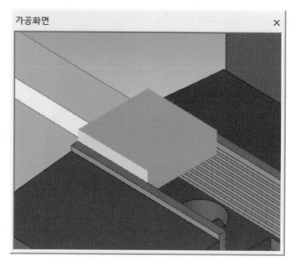

| 가공화면 |

4) 컨트롤러 화면

컨트롤러 화면은 CRT 화면, 키패드, 조작판으로 구성되어 있다.

| 컨트롤러 화면 |

2 CNC 프로그램의 주요 주소 기능

1. 프로그램 번호(O)

① CNC 기계의 제어장치는 여러 개의 프로그램을 메모리에 저장할 수 있다.

② 저장된 프로그램을 구별하기 위하여, 서로 다른 프로그램 번호를 붙인다.

③ 프로그램 번호는 주소의 영문자 "O" 다음에 4자리의 숫자, 즉 0001~9999까지를 임의로 정할 수 있다.

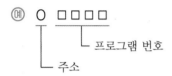

2. 전개번호(N : Sequence Number)

① 블록의 순서를 지정하는 것으로 "N" 다음에 4자리 이내의 숫자로 번호를 표시한다.

② 매 명령절마다 붙이지 않아도 프로그램의 수행에는 지장이 없으나, 복합 반복 사이클(G70~G73)을 사용하거나 전개번호로 특정 명령절(Block)을 탐색하고자 할 때에는 반드시 필요하다.

3. 준비기능(G : Preparation Function)

제어장치의 기능을 동작하기 위한 준비를 하는 기능으로 "G"와 두 자리의 숫자로 구성되어 있다.

① 1회 유효 G-코드(One shot G-code) : 지정된 명령절에서만 유효한 G-코드

　例 G04 : 일시 정지, G28 : 자동 원점 복귀, G50 : 공작물 좌표계 설정 등

② 연속 유효 G-코드(Modal G-code) : 동일 그룹 내의 다른 G-코드가 나올 때까지 유효한 G-코드

　例 G00 : 위치 결정(급속이송), G01 : 직선가공(절삭이송), G02 : 원호가공(CW) 등

1) CNC 선반 준비 기능

코드	그룹	기능	코드	그룹	기능
★G00	01	급속위치 결정	G41	07	공구인선반지름 보정 좌측
★G01		직선보간(절삭이송)	G42		공구인선반지름 보정 우측
G02		원호보간(CW : 시계 방향)	G43	08	공구길이 보정 "+"
G03		원호보간(CCW : 반시계 방향)	G44		공구길이 보정 "-"
G04	00	휴지(Dwell)	G49		공구길이 보정 취소
G10		데이터 설정	G50	00	공작물 좌표계 설정, 주축 최고 회전수 지정
G20	06	Inch 입력	G68	04	대향 공구대 좌표 ON
★G21		Metric 입력	G69		대향 공구대 좌표 OFF
★G22	04	금지영역 설정	G70	00	정삭 사이클
G23		금지영역 설정 취소	G71		내·외경 황삭 사이클
G25	08	주축속도 변동 검출 OFF	G72		단면 황삭 사이클
G26		주축속도 변동 검출 ON	G73		모방 사이클
G27	00	원점 복귀 확인	G74		단면 홈 가공 사이클
G28		기계 원점 복귀	G75		내·외경 홈 가공 사이클
G29		원점으로부터의 복귀	G76		자동 나사 가공 사이클
G30		제2, 3, 4 원점 복귀	G90	01	내·외경 절삭 사이클
G31		Skip 기능	G92		나사 절삭 사이클
G32	01	나사 절삭	G94		단면 절삭 사이클
G34		가변 리드 나사 절삭	G96	02	절삭속도(m/mm) 일정제어
G36	00	자동 공구 보정(X)	★G97		주축 회전수(rpm) 일정제어
G37		자동 공구 보정(Z)	G98	03	분당 이송 지정(mm/min)
★G40	07	공구인선반지름 보정 취소	★G99		회전당 이송 지정(mm/rev)

▌참고

ⓐ 00그룹은 지령된 블록에서만 유효하다. (One shot G-코드)
ⓑ ★표시 기호는 전원을 공급할 때 설정되는 G-코드를 나타낸다.
ⓒ G-코드 일람표에 없는 G-코드를 지령하면 알람이 발생한다.
ⓓ G-코드는 그룹이 서로 다르면 한 블록에 몇 개라도 지령할 수 있다.
ⓔ 동일 그룹의 G-코드를 같은 블록에 1개 이상 지령하면 뒤에 지령한 G-코드만 유효하거나, 알람이 발생한다.

2) 머시닝 센터 준비 기능

코드	그룹	기능	코드	그룹	기능
★G00	01	위치결정(급속이송)	G57	12	공작물 좌표계 4번 선택
★G01		직선보간(절삭)	G58		공작물 좌표계 5번 선택
G02		원호보간(CW : 시계 방향)	G59		공작물 좌표계 6번 선택
G03		원호보간(CCW : 반시계 방향)	G60	00	한방향 위치 결정
G04	00	휴지(Dwell)	G61	15	Exact Stop 모드
G09		Exact Stop	G62		자동 코너 오버라이드
G10		데이터 설정	★G64		연속 절삭 모드
★G15	17	극좌표지령 취소	G65	00	Macro 호출
G16		극좌표지령	G66	12	Macro Modal 호출
★G17	02	X−Y 평면 설정	★G67		Macro Modal 호출 취소
G18		Z−X 평면 설정	G68	16	좌표회전
G19		Y−Z 평면 설정	★G69		좌표회전 취소
G20	06	Inch 입력	G73	09	고속 심공드릴 사이클
G21		Metric 입력	G74		왼나사 탭 사이클
G22	04	금지영역 설정	G76		정밀 보링 사이클
★G23		금지영역 설정 취소	★G80		고정 사이클 취소
G27	00	원점 복귀 Check	G81		드릴 사이클
G28		기계 원점 복귀	G82		카운터 보링 사이클
G30		제2, 3, 4 원점 복귀	G83		심공드릴 사이클
G31		Skip 기능	G84		탭 사이클
G33	01	나사 절삭	G85		보링 사이클
G37	00	자동 공구길이 측정	G86		보링 사이클
★G40	07	공구지름 보정 취소	G87		백보링 사이클
G41		공구지름 보정 좌측	G88		보링 사이클
G42		공구지름 보정 우측	G89		보링 사이클
G43	08	공구길이 보정 "+"	★G90	03	절대 지령
G44		공구길이 보정 "−"	★G91		증분 지령
★G49		공구길이 보정 취소	G92	00	공작물 좌표계 설정
★G50	08	스케일링, 미러 기능 무시	★G94	05	분당 이송(mm/min)
G51		스케일링, 미러 기능	G95		회전당 이송(mm/rev)
G52	00	로컬좌표계 설정	G96	13	절삭속도(m/min) 일정제어
G53		기계좌표계 선택	★G97		주축 회전수(rpm) 일정제어
★G54	12	공작물 좌표계 1번 선택	★G98	10	고정 사이클 초기점 복귀
G55		공작물 좌표계 2번 선택	G99		고정 사이클 R점 복귀
G56		공작물 좌표계 3번 선택			

참고

★ : 전원 공급 시 자동으로 설정됨

예 G□ □(01~99까지 지정된 2자리수)

O0010   좌표계 설정(선반)의 준비 기능

N0010 $\boxed{\text{G50}}$ X150.0 Z200.0 S1300 T0100 M41 :

N0011 $\boxed{\text{G96}}$ S130 M03 :
          주축속도 일정제어의 준비 기능

---

4. 주축기능(S : Spindle Speed Function)

주축을 회전시키는 기능으로 주축 모터의 회전속도를 변환시켜 속도를 제어한다.

G96 : 절삭속도 일정제어(m/min), G97 : 주축 회전수 일정제어(rpm)

예 G50 S2500 ; ⟹ 주축의 최고속도를 2,500rpm으로 설정

G96 S100 M03 ; ⟹ 절삭속도가 100m/min로 일정하게 시계 방향 회전

G97 S1000 M03 ; ⟹ 주축 회전수가 1000rpm으로 시계 방향 회전

5. 이송기능(F : Feed Function)

공작물과 공구의 상대속도를 지정하는 기능이며 분당 이송(mm/min)과 회전당 이송
(mm/rev)이 있다.

CNC 선반		머시닝 센터	
G98	분당 이송(mm/min)	★G94	분당 이송(mm/min)
★G99	회전당 이송(mm/rev)	G95	회전당 이송(mm/rev)

(★ : 전원 공급 시 자동으로 설정)

예 G98 G01 X20. Z40. F100 ; → 100mm/min의 속도로 이송

G99 G01 X25. Z24. F0.2 ; → 1회전당 0.2mm 이송

6. 공구기능(T : Tool Function)

CNC 선반에서 공구의 선택과 공구 보정을 하는 기능이고, 머시닝센터에서는 공구를 선택하는 기능으로 M06(공구 교환)과 함께 사용하여야 에러가 발생하지 않는다.

① CNC 선반의 경우

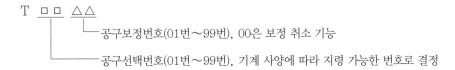

T □□ △△
└─ 공구보정번호(01번~99번), 00은 보정 취소 기능
└─ 공구선택번호(01번~99번), 기계 사양에 따라 지령 가능한 번호로 결정

② 머시닝센터의 경우

T □□ M06 : □□번 공구 선택 후 공구교환

7. 보조기능(M : Miscellaneous Function)

제어장치의 명령에 따라 CNC 공작기계가 가지고 있는 보조기능을 제어(ON/OFF) 하는 기능으로 M 뒤에 2자리 숫자를 붙여 사용한다.

코드	기능	용도
M00	프로그램 정지	실행 중인 프로그램을 일시 정지시키며, 자동 개시를 누르면 재개
M01	선택 프로그램 정지	조작판의 M01 스위치가 ON인 경우, 프로그램 일시 정지
M02	프로그램 종료	프로그램 종료 기능으로 모달 정보가 모두 없어짐
M03	주축 정회전(CW : 시계 방향)	주축을 시계 방향으로 회전
M04	주축 역회전(CCW : 반시계 방향)	주축을 반시계 방향으로 회전
M05	주축 정지	주축을 정지시키는 기능
M06	공구 교환(MCT만 해당)	지정한 공구로 교환, T_와 같이 사용
M08	절삭유 ON	절삭유 펌프 스위치 ON
M09	절삭유 OFF	절삭유 펌프 스위치 OFF
M19	주축 한 방향 정지(MCT만 해당)	주축을 한 방향으로 정지시키는 역할로 공구 교환 및 고정 사이클의 공구 이동에 이용
M30	프로그램 종료 & Rewind	프로그램 종료 후 다시 처음으로 되돌아감
M48	Override 100% Clamp (MCT만 해당)	오버라이드(Override) 무시의 취소
M49	Override 100% Unclamp (MCT만 해당)	오버라이드(Override) 무시

코드	기능	용도
M98	보조프로그램 호출	● 11T가 아닌 경우 M98 P□□□□ △△△△ └─ 보조프로그램 번호 └─ 반복횟수(생략하면 1회) ● 11T인 경우 M98 P△△△△ L□□□□ └─ 반복횟수(생략하면 1회) └─ 보조프로그램 번호
M99	주프로그램으로 복귀	보조프로그램의 종료 후 주프로그램으로 복귀

⑩ M□□(01~99까지 지정된 2자리수)

　N0010 G50 X150.0 Z200.0 S1300 T0100 M41 : 기어 교환(1단)

　N0011 G96 X130 M03 : 주축 정회전

　N0012 G00 X62.0 Z0.0 S0100 T0100 M08 : 절삭유 ON

❸ CNC 선반 프로그래밍

1. 황삭가공(G71)

1) 특징

① 제품의 최종 형상과 절삭조건 등을 지정해주면 정삭 여유가 남을 때까지 가공한 후 사이클 초기점으로 복귀하는 기능이다.

② 내·외경을 황삭가공하는 복합형 고정사이클이다.

2) 지령방법

$$G71 \ U(\underline{\Delta d}) R(\underline{e}) ;$$
$$G71 \ P(\underline{ns}) Q(\underline{nf}) U(\underline{\Delta u}) W(\underline{\Delta w}) F(\underline{f}) ;$$

여기서, $U(\underline{\Delta d})$: 1회 X축 방향 가공깊이(절삭깊이), 반경 및 소수점 지령가능

$R(\underline{e})$: 도피량(절삭 후 간섭 없이 공구가 빠지기 위한 양)

$P(\underline{ns})$: 정삭가공 지령절의 첫 번째 전개번호

$Q(\underline{nf})$: 정삭가공 지령절의 마지막 전개번호

$U(\underline{\Delta u})$: X축 방향의 정삭여유(지름 지령)

$W(\underline{\Delta w})$: Z축 방향의 정삭여유

$F(\underline{f})$: 황삭가공 시 이송속도(mm/rev), P와 Q 사이의 F값은 무시되고 G71블록에서 지령된 데이터가 유효하다.

3) 가공순서

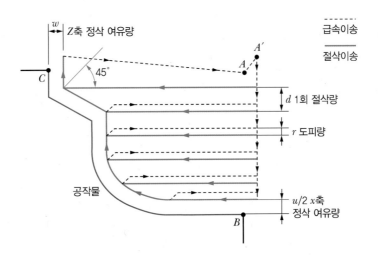

4) 내 · 외경 황삭 사이클(G71) 프로그램 작성하기

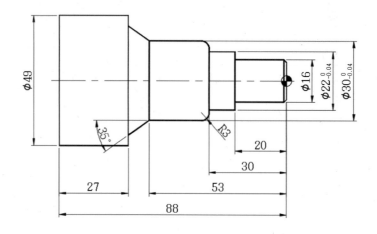

공구번호 T01은 황삭 바이트이다.

T0101
G96 S200 M03
G00 X55. Z5. M08
G71 U1.0 R0.5
G71 P30 Q40 U0.4 W0.2 F0.2
N30 G01 X-1.
Z0.
X14.
X16. Z-1.
Z-20.
X22.
Z-30.
X24.
G03 X30. Z-33. R3.
G01 Z-53.
Z-61. A145.
X49.
Z-62.
N40 X55.
G00 X150. Z150. T0100 M09
M05
M00

---

2. 정삭가공(G70)

황삭가공(G71, G72, G73) 완료 후 G70으로 정삭가공한다.

$$G70 \ P\underline{(ns)}Q\underline{(nf)}F\underline{(f)};$$

여기서, $P\underline{(ns)}$: 정삭가공 지령절의 첫 번째 전개번호

$Q\underline{(nf)}$: 정삭가공 지령절의 마지막 전개번호

$F\underline{(f)}$: 정삭가공 시 이송속도(mm/rev), P와 Q 사이의 F값은 무시되고 G70블록에서 지령된 데이터가 유효하다.

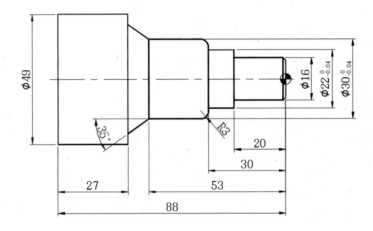

공구번호 T03은 정삭 바이트이다.

T0303
G96 S200 M03
G00 X55. Z5. M08
G70 P30 Q40 F0.1
G00 X150. Z150. T0300 M09
M05
M00

3. 홈가공

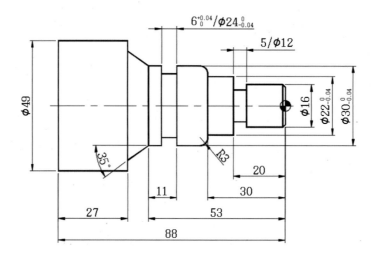

공구번호 T05는 홈 바이트이고, 폭은 4mm이다.

T0505

G97 S500 M03

G00 X35. Z−48. M08

G01 X24. F0.05

G04 P500

G01 X35.

Z−46.

G01 X24.

G04 P500

G01 X35.

G00 Z−20.

G01 X12.

G04 P500

G01 X35.

Z−19.

G01 X12.

G04 P500

G01 X35.

G00 X150. Z150. T0500 M09

M05

M00

---

4. 나사가공(G76)

G76 P(m) (r) (a) Q(Δd min) R(d) ;

G76 P(k) Q(Δd) X(U)___ Z(W)___ R(i) F___ ;

여기서, P(m) : 다듬질 횟수(01~99까지 입력가능)

(r) : 불완전 나사부 면취량(00~99까지 입력가능) − 리드의 몇 배인가 지정

(a) : 나사산의 각도(80, 60, 55, 30, 29, 0 지령가능)

(예 m=01 ⇒ 1회 정삭, r=10 ⇒ 45° 면취, a=60 ⇒ 삼각나사)

Q(Δd min) : 최소 절입량(소수점 사용불가, 생략가능)

R(d) : 정삭여유

P(k) : 나사산의 높이(반경지령), 소수점 사용불가

Q(Δd) : 첫 번째 절입량(반경지령), 소수점 사용불가

X(U), Z(W) : 나사 끝점 좌표

R(i) : 테이퍼나사 절삭 시 나사 끝점(X좌표)과 나사 시작점(X좌표)의 거리(반경지령),

I=0이면 평행나사(생략가능)

F : 나사의 리드

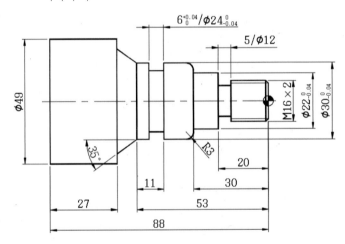

공구번호 T07은 나사 바이트이고, 수나사의 규격은 외경이 $15.962_{-0.28}^{0}$이고, 유효경은 $14.663_{-0.16}^{0}$이다.

```
T0707
G97 S500 M03
G00 X25. Z5. M08
G76 P010060 Q50 R20
G76 P1190 Q350 X13.62 Z−17. F2.0
G00 X150. Z150. T0700 M09
M05
M02
```

4 머시닝센터 프로그래밍

1. 센터드릴 가공

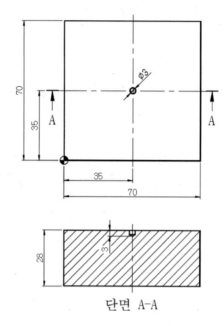

단면 A-A

공구번호 T02는 지름이 ϕ3인 센터드릴이다.

T02 M06	
S1000 M03	
G00 X35. Y35.	
G43 H02 Z200.	
Z20. M08	
G81 G99 Z-3. R5. F100	
G00 Z20.	
G80 M09	
G00 G49 Z200.	
M05	
M00	

2. 드릴 가공

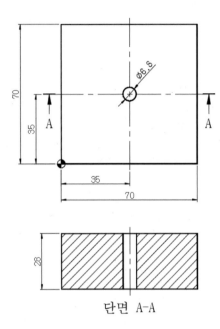

단면 A-A

공구번호 T03은 지름이 $\phi6.8$인 드릴이다.

T03 M06
S1000 M03
G00 X35. Y35.
G43 H03 Z200.
Z20. M08
G83 G99 Z-32. R5. Q3. F100
G00 Z20.
G80 M09
G00 G49 Z200.
M05
M00

3. 탭 가공

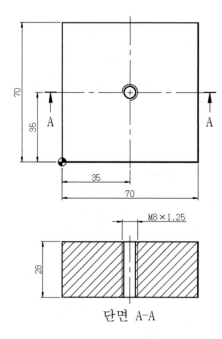

단면 A-A

공구번호 T04는 M8×1.25인 탭이다.

T04 M06	
S100 M03	
G00 X35. Y35.	
G43 H04 Z200.	
Z20. M08	
G84 G99 Z−32. R5. F125	
G00 Z20.	
G80 M09	
G00 G49 Z200.	
M05	
M00	

4. 엔드밀 가공

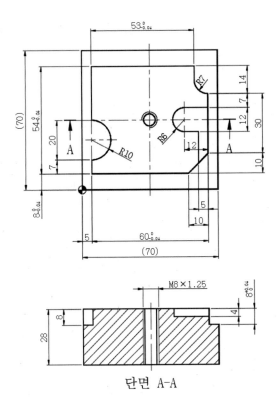

단면 A-A

공구번호 T01은 지름이 φ10인 평엔드밀이다.

```
T01 M06
S2000 M03
G00 X-15. Y-15.
G43 H01 Z200.
Z20. M08
G01 Z-4. F200
X-1.
Y25.
X5.
X-1.
Y68.
X71.
Y35.
X53.
X66.
Y2.
X-15.
Y-15.

G01 Z-8.
X-1.
Y25.
X5.
X-1.
Y68.
X71.
Y2.
X-15.
Y-15.

G01 Z-4.
G41 D01 G01 X5.
Y15.
G03 X5. Y35. R10.
G01 X5. Y57.
G02 X10. Y62. R5.
G01 X58.
Y55.
G03 X65. Y48. R7.
G01 X65. Y41.
X53.
G03 X53. Y29. R6.
G01 X55. Y29.
G02 X60. Y24. R5.
G01 X60. Y13.
X55. Y8.
X-15.
```

```
Y-15.

G01 Z-8.
G41 D01 G01 X5.
Y15.
G03 X5. Y35. R10.
G01 X5. Y57.
G02 X10. Y62. R5.
G01 X58.
Y55.
G03 X65. Y48. R7.
G01 X65. Y18.
X55. Y8.
X-15.
Y-15.
G00 Z20.
G40 M09
G00 G49 Z200.
M05
M00
```

5. 챔퍼밀 가공

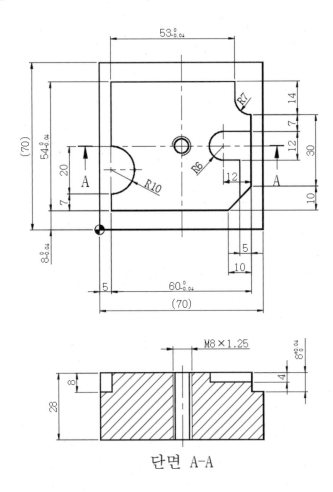

단면 A-A

공구번호 T05는 지름이 $\phi 6 \times 45°$인 챔퍼밀이다.

```
T05 M06
S2000 M03
G00 X-15. Y-15.
G43 H05 Z200.
Z20. M08
G01 Z-2.3 F200
G41 D05 G01 X5.
Y15.
G03 X5. Y35. R10.
G01 X5. Y57.
G02 X10. Y62. R5.
G01 X58.
Y55.
G03 X65. Y48. R7.
G01 X65. Y41.
X53.
G03 X53. Y29. R6.
G01 X55. Y29.
G02 X60. Y24. R5.
G01 X60. Y13.
X55. Y8.
X-15.
Y-15.
G00 Z20.
G40 M09
G00 G49 Z200.
M05
M02
```

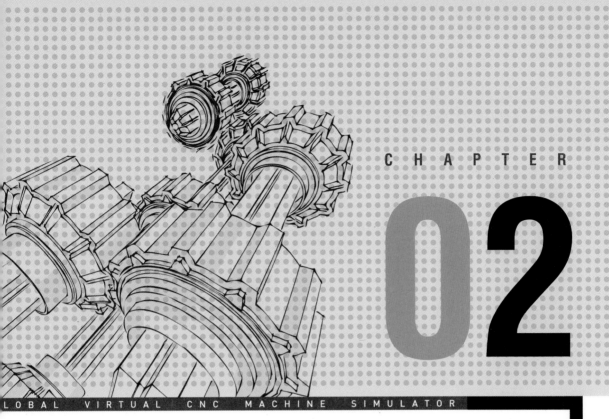

메인 메뉴

1 NC Editor

1. NC Editor 화면구성

NC Editor 화면은 NC 편집, 시뮬레이션, NC 비교 화면으로 구성되어 있으며 상단 탭으로 화면 전환이 가능하다.

| NC Editor 상단 탭 |

1) NC 편집

NC Editor에서 NC파일을 편집하기 위한 화면으로 파일 메뉴(NC파일 열기 및 저장 등), 편집 메뉴(잘라내기 및 붙여넣기 등), 코드 마법사(NC파일 편집을 용이하게 하는 편의 기능) 등을 제공한다.

| NC Editor 편집 화면 |

2) 시뮬레이션 화면

Editor 화면에서 작성한 NC파일을 검증하기 위한 화면으로 작성된 NC파일을 해석하여 예상되는 가공 라인을 보여주는 기능을 제공한다.

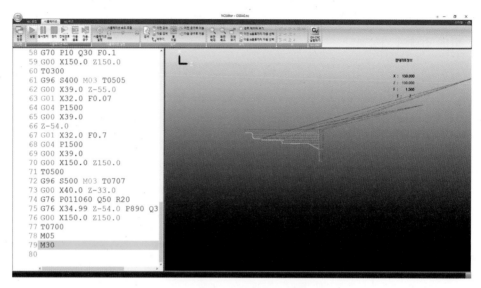

| NC Editor 시뮬레이션 화면 |

3) NC 비교 화면

| NC 비교 화면 |

2. NC 편집

기본적으로 Windows 메모장과 같이 텍스트 입출력이 가능하며 그 밖에 편의 기능을 제공한다.

1) 파일

| 파일 메뉴 |

① 새 파일 : 현재 작업 중인 NC파일을 닫고 화면을 초기화시키는 기능이다. 화면에 변경사항이 있으면 저장 여부를 묻는 팝업이 뜬다.

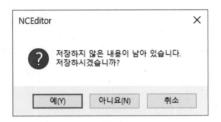

| NC 저장 여부 팝업 |

② NC 열기 : 윈도우 탐색기를 통하여 새 NC파일을 여는 기능이다. NC파일(*.nc)을 기본 필터로 탐색한다.(단축키 Ctrl + 'O') 파일 열기는 NC Editor 화면에 .nc 파일을 드래그 앤 드롭 하는 것으로도 가능하다.

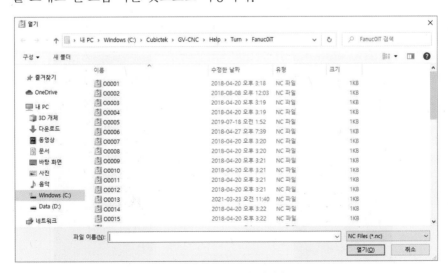

| NC Editor 파일 열기 |

③ 자동백업 가져오기 : 자동 백업된 파일을 불러온다.

④ 저장 : 현재 작업 중인 NC파일을 저장하도록 한다. 기존에 불러온 파일이 있을 경우
해당 파일의 경로에 저장하고 아닌 경우에는 탐색기 팝업을 통해 저장 경로와 파일명
을 설정한다. (단축키 Ctrl + 'S')

⑤ 다른 이름으로 저장 : 현재 Edit 화면에 있는 내용을 NC파일로 저장할 때, 파일 유무
여부에 상관없이 새로운 경로와 파일명을 지정하도록 한다.

⑥ 파일 삽입 : 현재 Edit 화면 내의 커서가 있는 지점에 파일을 열어 파일 내용을 현재
커서 위치부터 삽입한다.

⑦ 공구경로 인쇄 : 시뮬레이션 화면에 그려져 있는 공구경로를 인쇄한다.

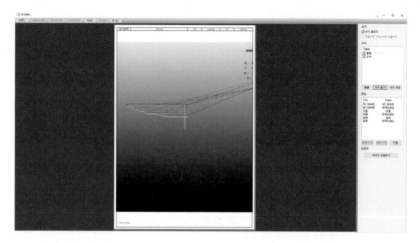

| 공구경로 인쇄 |

⑧ NC 인쇄 : 현재 Edit 화면에 있는 NC파일 내용을 인쇄한다.

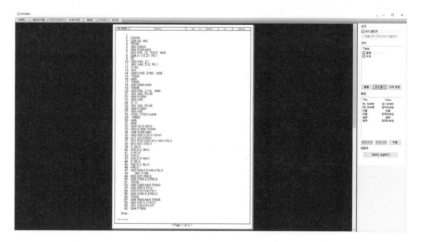

| NC 인쇄 |

⑨ 인쇄 설정 : 일반 윈도우 인쇄 설정 화면을 불러 인쇄 환경을 설정한다.

| 인쇄 설정 |

2) 편집

| 편집 메뉴 |

① 복사 : Edit 화면에서 블록 처리된 텍스트를 클립보드에 복사한다. (단축키 Ctrl+C)

② 잘라내기 : Edit 화면에서 블록 처리된 텍스트를 클립보드에 옮기고 삭제한다.
  (단축키 Ctrl+X)

③ 붙여넣기 : 클립보드에 있는 내용을 Edit 화면에 붙여 넣는다. (단축키 Ctrl+V)

④ 모두선택 : Edit 화면에 있는 내용을 모두 블록 처리한다. (단축키 Ctrl+A)

⑤ 실행 취소 : 직전에 실행했던 동작을 취소하고 Edit 화면을 이전 상태로 되돌린다.
  (단축키 Ctrl+Z)

⑥ 다시 실행 : 실행 취소한 동작을 다시 실행하고 Edit 화면에 적용한다. (단축키 Ctrl+Y)

⑦ 지우기 : Edit 화면에 있는 내용을 지운다. (단축키 Del)

3) 검색

| 검색 메뉴 |

① 검색 : 검색 대화상자를 띄우고 대화상자에서 찾을 내용을 입력하고 '다음 찾기' 버튼을 누르면 Edit 화면에서 위치를 검색한다.

| 검색 대화상자 |

② 이전 검색 : 검색 대화상자에 내용을 입력한 채로 클릭하면 찾을 내용을 현재 커서 위치 기준으로 위쪽에서 찾는다.

③ 다음 검색 : 검색 대화상자에 내용을 입력한 채로 클릭하면 찾을 내용을 현재 커서 위치 기준으로 아래쪽에서 찾는다.

④ 바꾸기 : 바꾸기 대화상자에 찾을 내용과 바꿀 내용을 입력하고 '바꾸기' 버튼을 누르면 Edit 화면에서 찾을 내용의 문자열을 찾아 바꿀 내용의 문자열로 변경한다.

| 바꾸기 대화상자 |

⑤ 줄 이동 : 줄 이동 대화상자에 이동하고자 하는 줄의 번호를 넣고 '확인' 버튼을 클릭하면 해당 줄로 커서가 이동된다.

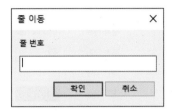

| 줄 이동 대화상자 |

⑥ 이전 공구로 이동 : 현재 Edit 화면의 커서의 위치를 기준으로 위쪽에서 NC 내에서 툴 번호가 다른 T코드를 찾아 해당 부분으로 커서를 이동시킨다.

⑦ 다음 공구로 이동 : 현재 Edit 화면의 커서의 위치를 기준으로 아래쪽에서 NC 내에서 툴 번호가 다른 T코드를 찾아 해당 부분으로 커서를 이동시킨다.

4) 편집설정

| 편집설정 메뉴 |

NC Editor의 편집, 시뮬레이션, 문법 설정 등을 한다. 각각 NC 편집 화면에서 편집 설정 아이콘 또는 시뮬레이션 화면에서 시뮬레이션 설정 아이콘을 클릭하여 필요한 환경을 설정할 수 있다.

① 편집 설정

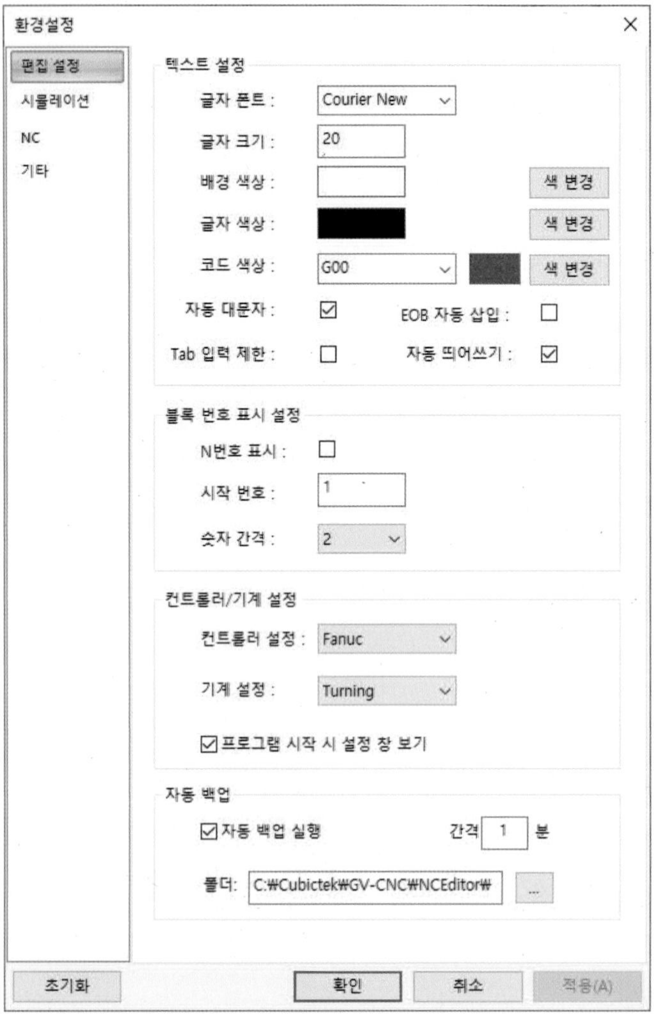

| 편집 설정 메뉴 |

㉠ 텍스트 설정

- 글자 폰트 : 화면의 글자 폰트를 설정한다.
- 글자 크기 : 화면의 폰트 크기를 조정한다.
- 배경 색상 : '색 변경' 버튼을 클릭하여 화면의 배경 색상을 변경한다.
- 글자 색상 : '색 변경' 버튼을 클릭하여 화면의 폰트 색상을 변경한다.
- 코드 색상 : '색 변경' 버튼을 클릭하여 G코드와 M코드의 색상을 지정한다.
- 자동 대문자 : 체크되어 있을 때는 Edit 화면에서 입력 시 Caps Lock에 관계없이 모든 문자가 대문자로 입력된다.
- EOB 자동 삽입 : 체크되어 있을 때는 명령절의 끝을 나타내는 ' ; '이 Enter↵ 를 누를 때마다 자동으로 입력된다.
- Tab 입력 제한 : 체크되어 있을 때는 키보드의 Tab 기능이 적용되지 않는다.
- 자동 띄어쓰기 : 체크되어 있을 때는 NC의 어드레스마다 자동으로 띄어쓰기를 해준다.

㉡ 블록 번호 표시 설정 : 'N번호 표시'에 체크되어 있으면 텍스트 라인을 삽입할 때마다 시작 번호와 숫자 간격에 맞게 N코드를 삽입하여 준다.

㉢ 컨트롤러/기계 설정 : 컨트롤러와 기계 타입을 변경할 수 있다.

㉣ 자동 백업 : 작성한 NC 코드를 특정 경로 위치에 주기적으로 백업하는 기능이다. 설정된 시간 간격을 주기로 설정된 경로에 'RestoreNC.nc'라는 파일 이름으로 저장된다. 만약 경로를 입력하지 않을 경우, 파일 저장 위치는 프로그램 설치경로로 설정된다.

② 시뮬레이션 설정

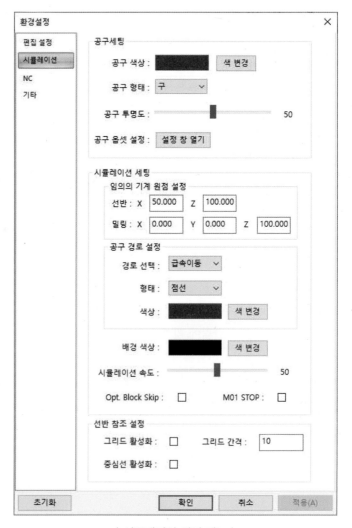

| 시뮬레이션 설정 메뉴 |

시뮬레이션 화면에서 시뮬레이션 설정 버튼을 눌렀을 때 볼 수 있으며 환경설정 대화 상자에서 시뮬레이션 탭을 눌렀을 때도 볼 수 있다.

㉠ 공구세팅
- 공구 색상 : 공구를 표시하는 형상의 색상을 설정한다.
- 공구 형태 : 공구를 어떤 형태로 표시할지 설정한다. 구, 화살표, 선, 삼각형의 네 가지 형태를 지원한다.
- 공구 투명도 : 공구형상의 투명도를 조절한다. 0부터 100까지 설정할 수 있으며, 기본은 50으로 되어 있고 숫자가 높을수록 투명해진다.

- 공구 옵셋 설정 : 선반과 밀링의 공구 보정값(반경), 인선번호(Tip)를 설정할 수 있다.

| 공구 옵셋 설정 화면 |

ⓛ 시뮬레이션 세팅
- 임의의 기계 원점 설정 : 임의의 기계 원점을 수치로 설정할 수 있다. 선반, 밀링 기계 두 가지 타입을 지원한다.
- 공구 경로 설정 : 공구 경로 타입에 따라 공구 경로의 형태와 색상을 설정할 수 있다.
- 배경 색상 : 시뮬레이션 화면 배경의 색상을 설정할 수 있다.
- 시뮬레이션 속도 : 실행 동작 시의 시뮬레이션 속도를 조절할 수 있다. 0부터 100 까지 조절 가능하며 높을수록 속도가 빨라진다.
- Opt. Block Skip : 체크 시 Optional Skip 기능이 활성화되어 '/'가 앞에 붙어 있는 블록 부분을 생략하고 시뮬레이션한다.
- M01 STOP : 체크 시 M01 STOP 동작이 활성화되어 시뮬레이션 실행 시 M01 코드 부분에서 일시 정지하게 된다.

ⓒ 선반 참조 설정
- 그리드 활성화 : 체크 시 시뮬레이션 화면에 모눈종이 모양의 격자무늬를 보여준다.
- 그리드 간격 : 격자무늬의 간격을 설정할 수 있다.
- 중심선 활성화 : 체크 시 시뮬레이션 화면의 중심에 중심선을 보여준다.

③ NC 설정

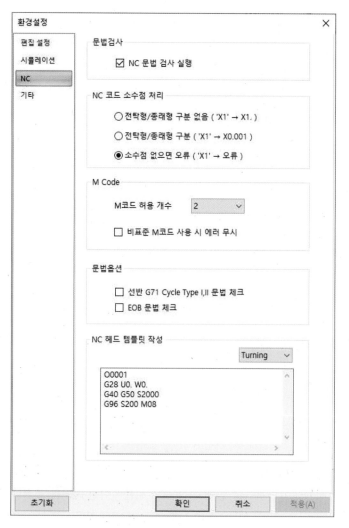

| NC 설정 메뉴 |

㉠ 문법검사 : 파일을 열고 닫을 때, 시뮬레이션을 실행할 때 NC 문법 검사를 시행하는지 여부를 체크한다.

㉡ NC 코드 소수점 처리 : NC 문법 검사 시에 소수점 검사를 어떻게 할 것인지 선택한다.

• 전탁형/종래형 구분 없음('X1' → X1.) : 소수점 체크를 실시하지 않는다.

• 전탁형/종래형 구분('X1' → X0.001) : 소수점을 쓰는 경우 mm로 인식을 하고 소수점을 안 쓰면 마이크로미터로 인식한다.

• 소수점 없으면 오류('X1' → 오류) : 소수점이 없을 경우 무조건 에러를 띄운다.

ⓒ M Code : 하나의 블록에 몇 개의 M코드를 허용할지 설정한다.

ⓔ 문법옵션 : NC 문법 검사 시행 시 적용 여부를 설정할 수 있다.

- 선반 G71 Cycle Type I, II 문법 체크 : 체크 시 Type I과 Type II의 문법을 구분하여 문법 검사를 진행한다.
- EOB 문법 체크

ⓜ NC 헤드 템플릿 작성 : 선반과 밀링에서 프로그램의 시작이 되는 공통의 템플릿을 작성할 수 있다.

예	선반의 경우	밀링의 경우
	O001	O0001
	G28 U0. W0.	G40 G49 G80
	G40 G50 S2000	G91 G28 Z0.
	G96 S200 M08	G28 X0. Y0.
		G90 G54

④ 기타 설정

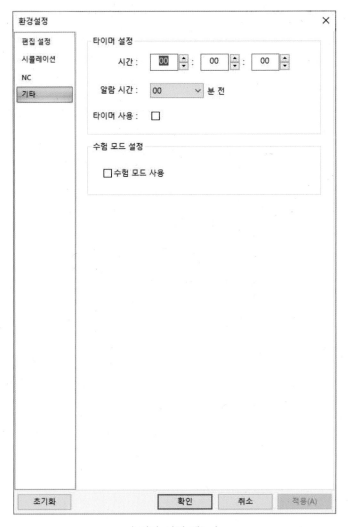

| 기타 설정 메뉴 |

㉠ 타이머 설정

- 시간 : 타이머 시간을 시, 분, 초 단위로 설정할 수 있다.
- 알람 시간 : 알람 시간을 0분부터 60분 전까지 10분 단위로 설정할 수 있다.
- 타이머 사용 : 체크 시 화면 우측 상단에 타이머가 활성화된다.

㉡ 수험 모드 설정 : 수험 모드 사용을 체크하면 화면 좌측의 코드 마법사 메뉴창이 사라진다.

5) 기계타입

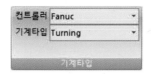

| 기계타입 메뉴 |

기계타입을 변경할 수 있으며, 컨트롤러(Fanuc, Sentrol, Mitsubishi)와 기계타입 [Turning(선반), Milling(밀링)]을 설정할 수 있다.

6) 보기

| 보기 메뉴 |

① 크게 보기 : Edit 화면의 텍스트 크기를 5포인트씩 늘린다.
② 작게 보기 : Edit 화면의 텍스트 크기를 5포인트씩 줄인다.
③ 글자크기 복원 : 글자 크기를 처음 NC Editor가 실행되었을 때의 크기로 초기화시 킨다.

7) 화면

| 화면 메뉴 |

화면전환 아이콘을 클릭하면 NC 편집 화면에서 시뮬레이션 화면으로 시뮬레이션 화면 에서 NC 편집 화면으로 전환된다.

8) 계산기

| 계산기 메뉴 |

'계산기 실행하기'를 클릭하면 공학용 계산기를 사용하여 필요한 수식을 계산하거나 그래프 그리기, 변환기를 활용하여 다양한 작업을 수행할 수 있다.

9) GV-CNC

| GV-CNC 메뉴 |

'GV-CNC 실행하기'를 클릭하면 기계타입이 Turning(선반)일 경우 Turning Center가 실행되고, 기계타입이 Milling(밀링)일 경우 Machining Center가 실행된다.

10) 코드 마법사

| 코드 마법사 메뉴 |

NC 편집을 보조해주기 위해 NC코드 항목을 선택하고 어드레스값을 입력한 후 '적용'을
클릭하면 NC코드를 생성해주는 기능이며 NC 편집 화면 좌측에 위치한다.

① 준비기능(G), 보조기능(M) 항목

| 코드 항목 |

NC파일 작성을 위해 G코드, M코드의 목록을 제공한다. 제공하는 목록은 기계 타입 (Turning, Milling)에 따라 달라지며 코드 리스트 부분을 클릭하면 해당 코드의 어드 레스와 설명을 볼 수 있다.

• NC 헤드 템플릿 : 편집 설정의 'NC 헤드 템플릿 작성'에서 작성된 내용을 편집 화면 에 자동으로 입력한다.

• 코드 찾기 : 찾고자 하는 코드를 입력하고 확인을 누르면 '준비기능(G), 보조기능 (M) 항목'에서 코드를 찾아서 선택해준다.

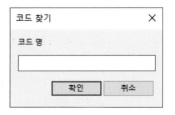

| 코드 찾기 대화상자 |

② 적용

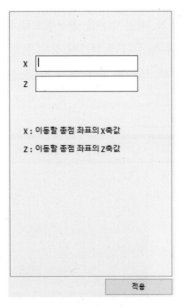

| 적용 화면 |

'준비기능(G), 보조기능(M) 항목'에서 코드를 클릭하거나 '코드 찾기'로 특정 코드를 찾았을 경우 코드에 적용되는 어드레스 항목과 어드레스의 간략한 설명을 보여주며 어드레스에 값을 입력하고 '적용' 버튼을 누르거나 엔터키를 누르면 NC 편집 화면내 현재 커서에 NC코드가 생성된다.

3. 시뮬레이션

NC 편집 화면에서 편집한 NC파일 내용을 공구경로로 보여줄 수 있다. 공구경로를 그리는 중에는 시뮬레이션 화면 우측 상단에 선반의 경우 현재 X, Z 좌표 정보와 Feed rate 값, Tool Path 정보를 보여주고, 밀링의 경우 현재 X, Y, Z 좌표 정보와 Feed rate 값, Tool Path 정보를 보여준다.

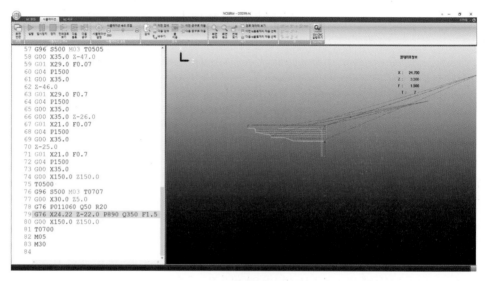

| 적용 화면 |

1) 화면전환

| 화면전환 메뉴 |

시뮬레이션 화면에서 NC 편집 화면으로 화면을 전환한다.

2) 시뮬레이션 메뉴

| 시뮬레이션 메뉴 |

① 실행 : Edit에서 적용된 NC파일의 내용대로 공구 형상이 움직이면서 공구경로를 그린다. 공구경로가 그려질 때 우측에 NC코드 화면에 현재 그려지고 있는 부분이 하이라이트 된다.

② 일시정지 : 실행 동작 중에 '일시정지' 버튼을 클릭하면 공구경로를 그리는 것을 멈추고 다시 '실행' 버튼을 클릭하면 다시 실행한다.

③ 정지 : 실행 동작 중에 '정지' 버튼을 클릭하면 공구경로를 그리는 것을 멈추고 현재까지 그렸던 내용을 모두 초기화시켜 다시 '실행' 버튼을 클릭하면 처음부터 공구경로를 그리게 된다.

④ 전체경로보기 : 공구경로를 그리는 과정을 보여주지 않고 결과만 빠르게 보여준다.

⑤ 다음 블록 : NC파일을 한 줄씩 실행한다. 실행되는 NC블록은 NC코드 화면 내에서 하이라이트 되어 보여진다.

⑥ 다음 공구 : 다음 공구 변경 시점까지 공구경로를 그려준다.

3) 시뮬레이션 설정

시뮬레이션 속도 조절 및 시뮬레이션 설정창을 띄울 수 있다.

| 시뮬레이션 설정 메뉴 |

4) 검색

앞의 NC 편집에서 설명한 내용과 동일하다.

| 검색 메뉴 |

5) 보기

| 보기 메뉴 |

① 화면확대 : 시뮬레이션 화면을 확대하여 보여준다.

② 화면축소 : 시뮬레이션 화면을 축소하여 보여준다.

③ 전체보기 : 시뮬레이션 비율과 시점을 초기 상태로 되돌려준다.

④ 경로 데이터 보기 : 코드 데이터 보기 부분이 체크되면 선택된 라인 정보 대화상자가
보여진다.

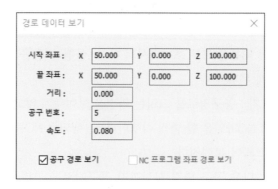

| 경로 데이터 보기 대화상자 |

'코드 데이터 보기'가 활성화된 상태에서 좌측 편집기에 블록 라인을 클릭하면 해당
라인이 노란색으로 하이라이트 되면서 경로 데이터 보기 대화상자에 해당 라인에
대한 정보가 보인다.

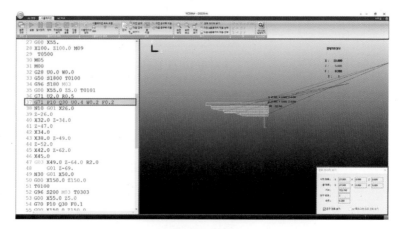

| 라인정보 확인창 |

시뮬레이션 화면에는 해당되는 공구경로가 노란색으로 하이라이트 되면서 시작 지
점에 공구 형상이 위치하고 시작 지점과 종료 지점에 좌표가 표시되며 중간에 시작지
점과 종료 지점 간 거리가 표시된다.

⑤ 이전 N블록까지 자동선택 : NC 프로그램의 화면에서 현재 커서의 위치부터 이전
N블록까지 자동으로 선택된다.

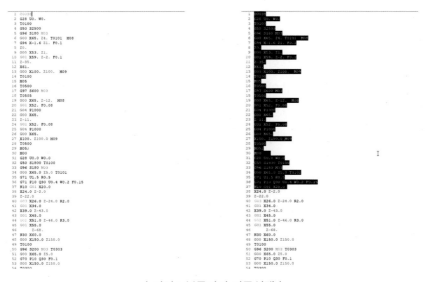

| 이전 N블록까지 자동선택 |

⑥ 다음 N블록까지 자동선택 : NC 프로그램의 화면에서 현재 커서의 위치부터 다음
N블록까지 자동으로 선택된다.

| 다음 N블록까지 자동선택 |

6) 뷰

| 뷰 메뉴 |

화면 시점을 변경시켜 주며 ISO Milling 기계세팅에서만 지원된다.

① +X : 시뮬레이션 뷰의 시점을 X의 정방향에서 보는 시점으로 변경시켜 준다.

② -X : 시뮬레이션 뷰의 시점을 X의 역방향에서 보는 시점으로 변경시켜 준다.

③ +Y : 시뮬레이션 뷰의 시점을 Y의 정방향에서 보는 시점으로 변경시켜 준다.

④ -Y : 시뮬레이션 뷰의 시점을 Y의 역방향에서 보는 시점으로 변경시켜 준다.

⑤ +Z : 시뮬레이션 뷰의 시점을 Z의 정방향에서 보는 시점으로 변경시켜 준다.

⑥ -Z : 시뮬레이션 뷰의 시점을 Z의 역방향에서 보는 시점으로 변경시켜 준다.

⑦ ISO : 뷰의 시점을 3D ISO 표준 시점으로 변경시켜 준다.

시점	좌표계	시점	좌표계
+X		+Z	
-X		-Z	
+Y		ISO	
-Y			

7) GV – CNC

| GV – CNC 메뉴 |

'GV – CNC 실행하기'를 클릭하면 기계타입이 Turning(선반)일 경우 Turning Center 가 실행되고, 기계타입이 Milling(밀링)일 경우 Machining Center가 실행된다.

8) 시뮬레이션 화면에서의 마우스 조작

① 마우스 좌 클릭 후 드래그하기
마우스 좌 클릭 후 마우스를 드래그하면 드래그한 방향으로 화면이 이동하게 된다. 화면의 위치를 변경하고 싶을 때 사용한다.

② 마우스 좌 · 우 클릭 후 드래그하기(또는 마우스 휠 누르고 드래그하기)
마우스 좌 · 우 버튼을 모두 클릭한 상태로 드래그를 하면 드래그한 방향으로 화면이 회전하게 된다. 기계 설정이 선반으로 되어 있을 경우에는 Y축이 없으므로 지원되지 않는다.

③ 마우스 휠 굴리기
마우스 휠 업 동작(휠 밀어 굴리기)을 하면 화면이 축소되고 마우스 휠 다운 동작(휠 당겨 굴리기)을 하면 화면이 확대된다.

4. NC 비교

'비교 NC 열기' 아이콘을 클릭하여 현재 열려있는 파일과 비교할 파일을 선택하여 열면 아래 그림과 같이 열린다.

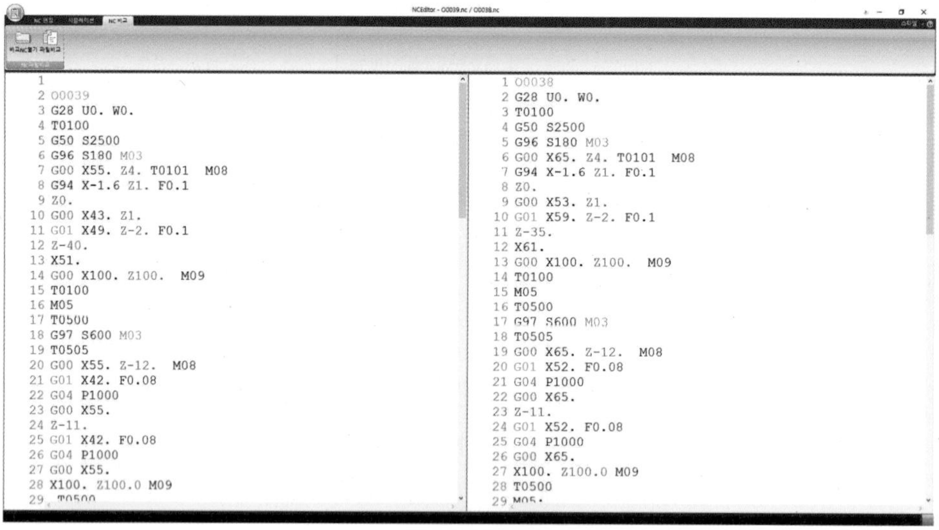

| 비교 NC 파일 열기 |

'파일비교'를 클릭하여 두 파일을 비교하면 다른 부분을 아래 그림과 같이 음영으로 표시해준다.

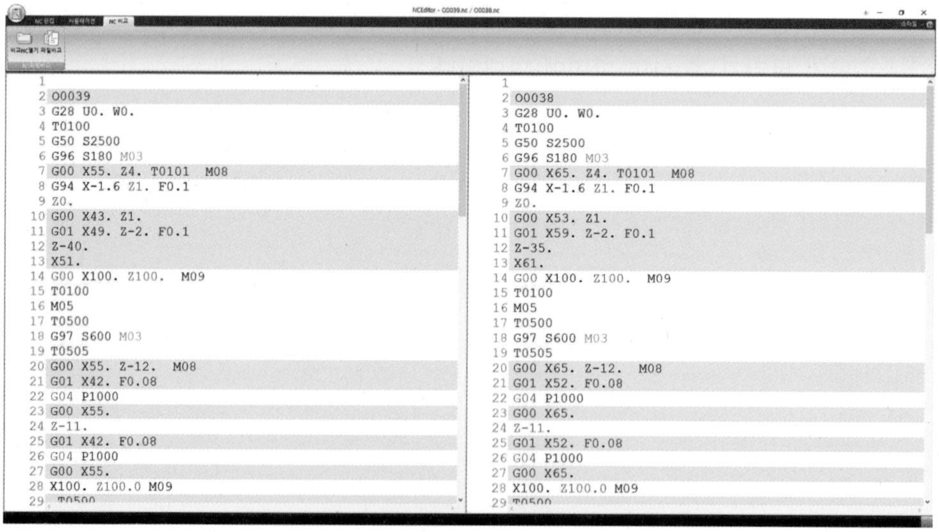

| 파일 비교하기 |

❷ 터닝센터(Turning Center)

1. 설정 메뉴

프로그램의 설정과 관련된 기능들이 포함되어 있다.

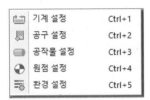

기계 설정	Ctrl+1
공구 설정	Ctrl+2
공작물 설정	Ctrl+3
원점 설정	Ctrl+4
환경 설정	Ctrl+5

| 설정 메뉴 |

1) 기계 설정

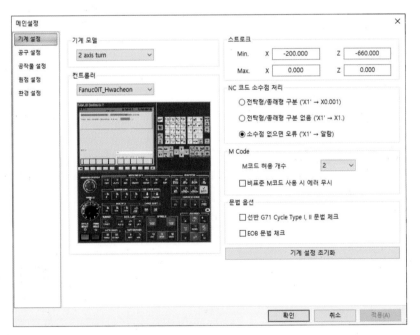

| 기계 설정 |

① 기계 모델 : 2 axis turn(2축 선반)

② 컨트롤러 : Fanuc0iT_Hwacheon, Fanuc0iT_Doosan, Fanuc0iT_WIA, Sentrol_L
의 4가지 컨트롤러가 있으며, 기본적으로 Fanuc0iT_Hwacheon 컨트롤러가 설정
되어 있다.

③ 스트로크 : 각 축의 스트로크를 설정할 수 있으며, 기계 원점으로부터 이동 가능한 위치를 입력한다. 기계 이동 시에 입력된 스트로크 범위를 벗어나게 되면 Over Travel 알람이 발생된다.

④ NC 코드 소수점 처리 : NC코드의 소수점 처리에 대한 설정을 할 수 있으며, NC코드에 'X1'을 입력했을 때, 설정에 따라서 처리되는 결과는 다음과 같다.

전탁형/종래형 구분	전탁형/종래형 구분 없음	소수점 없으면 오류
X0.001	X1.	알람 발생

⑤ M Code : NC코드 입력 시 한 줄 내에 허용되는 M코드의 개수를 설정하며, 설정된 개수보다 많은 M코드를 입력한 뒤 가공을 수행하면 알람이 발생된다.

⑥ 문법 옵션 : 선반 G71 Cycle Type Ⅰ, Ⅱ 문법 체크와 EOB 문법 체크 수행 여부를 설정한다.

⑦ 기계 설정 초기화 : '기계 설정 초기화' 버튼을 클릭하면 변경된 설정이 초기화된다.

2) 공구 설정

매거진에 장착된 공구들에 대한 설정을 한다.

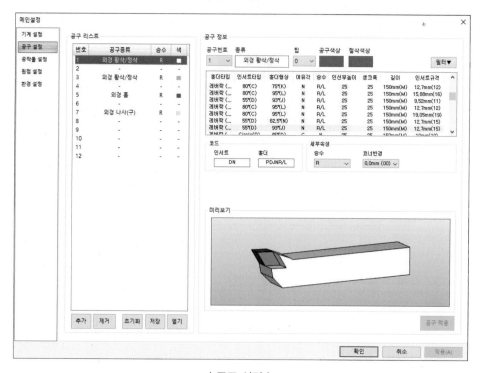

| 공구 설정 |

① 공구 리스트 : 현재 매거진에 장착된 공구 목록으로 공구 설정창에서 설정들을 변경한 후에 '확인' 또는 '적용(A)' 버튼을 클릭하면, 최종적으로 공구 설정창의 내용이 적용된다.

② 추가

    ㉠ '추가' 버튼을 클릭하면 공구 리스트에서 비어있는 가장 빠른 번호가 선택되고, '공구 리스트'에서 마우스로 직접 빈 공구를 선택할 수 있다.

| '추가' 버튼 클릭 또는 직접 빈 공구 선택 |

    ㉡ 공구 정보에 '새 공구종류 선택' 화면이 표시된다.

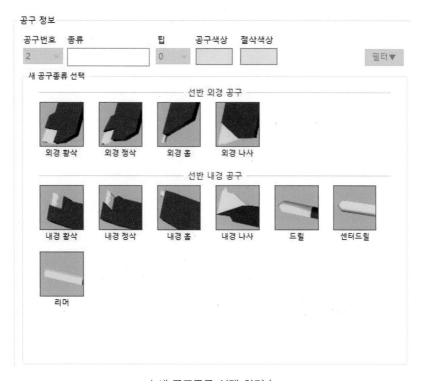

| 새 공구종류 선택 화면 |

ⓒ 추가할 공구 종류를 선택한다.

| 추가할 공구 종류 선택 |

ⓔ '공구 리스트'에 추가된 공구를 확인한다.

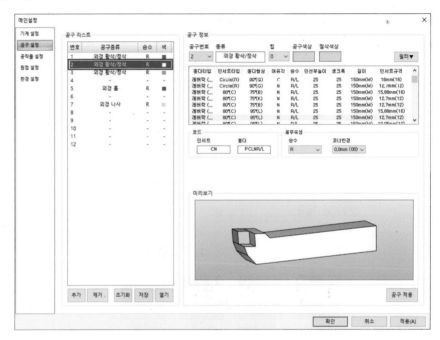

| 추가된 공구 리스트 확인 |

③ 제거

　㉠ '공구 리스트'에서 제거할 공구번호를 선택한다.

　㉡ '제거' 버튼을 클릭한다.

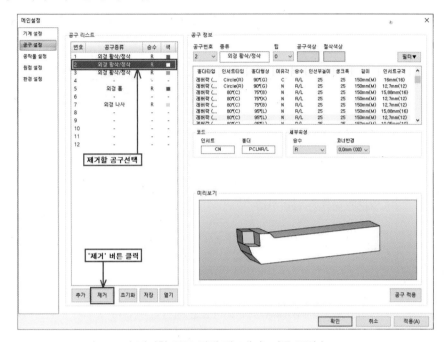

| 제거할 공구 선택 및 '제거' 버튼 클릭 |

　㉢ '공구 리스트'에서 공구가 제거된 것을 확인한다.

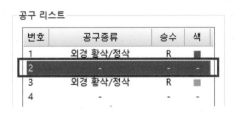

| 제거된 공구 확인 |

④ 초기화

　㉠ '초기화' 버튼을 클릭한다.

| '초기화' 버튼 클릭 |

ⓛ 초기화 완료를 알리는 메시지창이 표시되면 '확인' 버튼을 클릭한다.

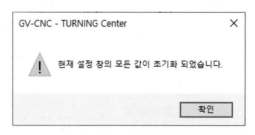

| 초기화 안내 메시지 |

ⓒ 설정창 내의 공구 정보가 초기화된 것을 확인한다.

⑤ 저장

㉠ '저장' 버튼을 클릭한다.

| '저장' 버튼 클릭 |

ⓛ 매거진 파일 저장 대화상자에 저장할 매거진 파일의 경로와 이름을 입력하고 '저장
(S)' 버튼을 클릭하여 매거진 파일을 저장한다.

| 매거진 파일 저장 대화상자 |

⑥ 열기

　㉠ '열기' 버튼을 클릭한다.

| '열기' 버튼 클릭 |

　㉡ 불러올 매거진 파일을 더블클릭하거나, 매거진 파일을 선택하고 '열기(O)' 버튼을
클릭한다.

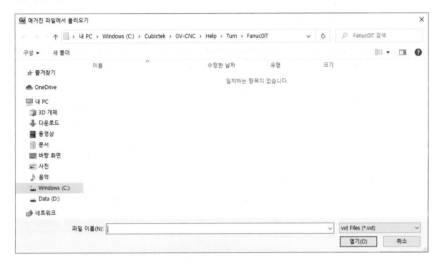

| 매거진 파일 열기 대화상자 |

⑦ 공구 정보 : 공구 리스트에서 선택된 공구의 정보를 확인하고 변경할 수 있다.
　㉠ '공구 리스트'에서 공구를 선택한다.

| 정보를 변경할 공구 선택 |

ⓛ 선택된 공구에 맞는 팁 번호를 선택한다. '확인' 또는 '적용(S)' 버튼을 누를 때, 팁 번호는 공구번호에 따라 자동으로 공구 옵셋의 팁 값으로 설정된다.

| 타입 번호 선택 |

ⓒ 공구색상 및 절삭색상을 변경하려면 색상의 표시된 부분을 클릭한다.

| 공구색상 및 절삭색상 선택 |

ⓔ 색상을 선택할 수 있는 대화상자가 표시되며, 원하는 색상을 선택하여 '확인' 버튼을 클릭한다.

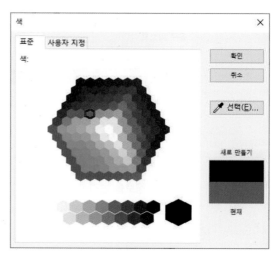

| 색상 선택 |

ⓜ '공구 리스트'에서 선택한 공구의 정보를 보여주는 곳으로 '공구 정보 리스트(빨강
박스)'에서 변경하고자 하는 리스트를 선택하면 미리보기에서 변경된 형상으로 보
여주고 '공구 적용'을 클릭 후 '확인' 또는 '적용(A)'를 클릭하면 공구 정보가 변경
된다.

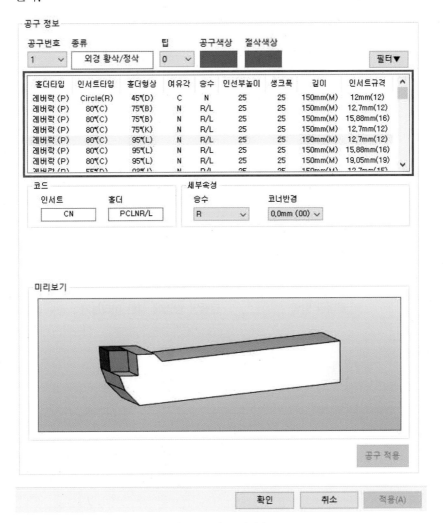

| 공구 정보 변경 |

3) 공작물 설정

공작물의 클램핑 방법을 설정하고, 사이즈를 입력하여 원하는 공작물을 생성할 수 있다.

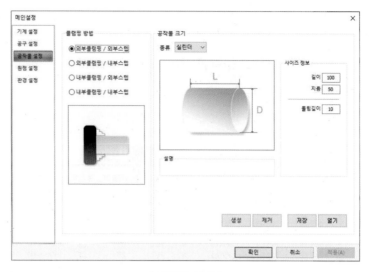

| 공작물 설정 |

① 클램핑 방법 설정

‘클램핑 방법’ 영역에서 4가지의 클램핑 방법을 선택할 수 있으며, 설정된 클램핑
방법에 따라 장착 가능한 공작물 종류가 달라질 수 있다.

클램핑 방법	클램핑 방법에 따른 미리보기	장착 가능 공작물
외부클램핑 / 외부스텝		실린더 파이프 센터링
외부클램핑 / 내부스텝		실린더 파이프 센터링
내부클램핑 / 외부스텝		파이프
내부클램핑 / 내부스텝		파이프

② 공작물 크기 설정

공작물 종류에 따른 사이즈 정보를 입력하여 공작물을 설정할 수 있다.

㉠ 종류 : 실린더, 파이프, 센터링의 3가지 종류가 있으며, 공작물의 종류에 따라 사이
즈 정보를 입력하여 공작물 크기를 설정할 수 있다.

공작물 종류	종류에 따른 미리보기	사이즈 정보
실린더	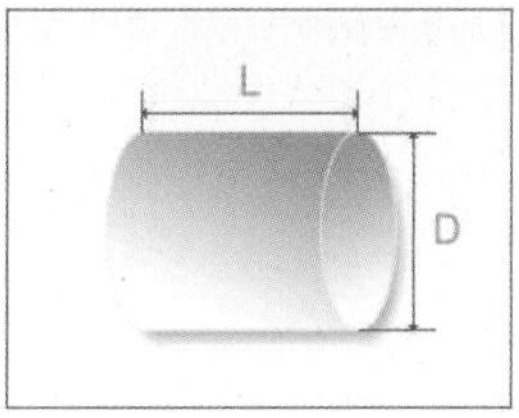	길이(L) 지름(D) 물림깊이
파이프	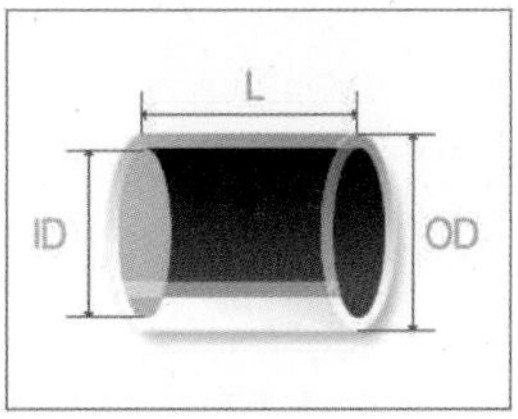	길이(L) 외경지름(OD) 내경지름(ID) 물림깊이
센터링	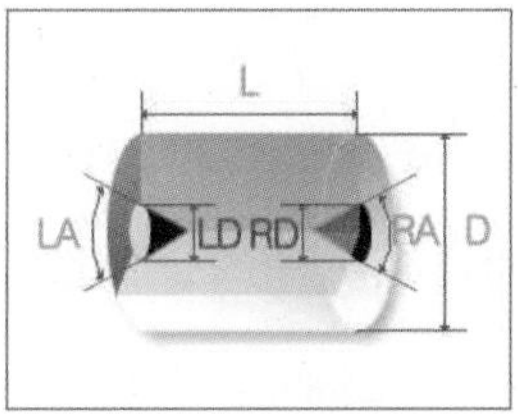	길이(L) 외경지름(D) 좌측 내부지름(LD) 우측 내부지름(RD) 좌측 내부각도(LA) 우측 내부각도(RA) 물림깊이

ⓒ '사이즈 정보'의 입력란을 클릭하면 '설명'란이 활성화되면서 입력 가능한 사이즈 범위가 나오므로 참고하여 필요한 사이즈를 입력한다.

| 공작물 크기 설정 |

③ 공작물 생성

㉠ '생성' 버튼을 클릭하면 공작물이 생성되고, '확인' 또는 '적용' 버튼을 클릭하면 클램핑 방법의 변경과 함께 공작물을 생성할 수도 있다.

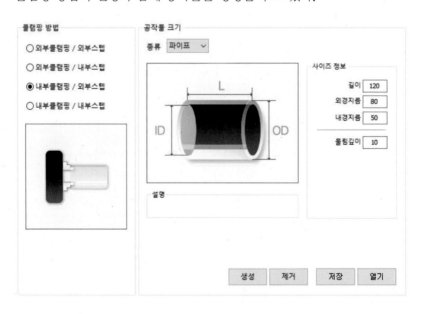

| 공작물의 클램핑 방법 및 공작물 크기 설정 |

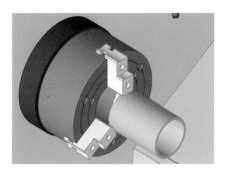
| '생성' 버튼을 클릭한 경우 |

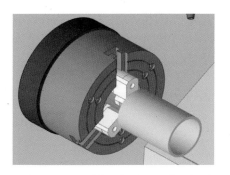
| '확인' 또는 '적용' 버튼을 클릭한 경우 |

ⓛ 공작물 생성 과정에서 잘못된 사이즈로 인해 생성이 어려운 경우에는 다음과 같은
   메시지가 표시된다.

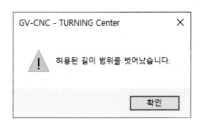

| 잘못된 사이즈 설정에 대한 오류 메시지 |

④ 공작물 제거 : '제거' 버튼을 클릭하여 공작물을 제거할 수 있으며, 공작물이 제거된
   상태에서는 원점 설정을 할 수 없다.

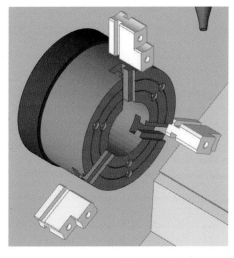

| 공작물이 제거된 상태 |

⑤ 공작물 저장 : '저장' 버튼을 클릭하면 저장할 파일의 경로와 이름을 입력하는 대화
상자가 표시된다. 경로 선택과 이름을 입력하고 '저장(S)' 버튼을 클릭하면 현재 공
작물이 STL파일로 저장된다.

| 공작물 STL파일로 저장하기 |

⑥ 공작물 열기 : '열기' 버튼을 클릭하면 불러올 STL파일을 선택하는 대화상자가 표
시된다. 원하는 파일을 더블클릭하거나, 선택 후 '열기(O)' 버튼을 클릭하면 해당
파일로부터 공작물을 불러온다.

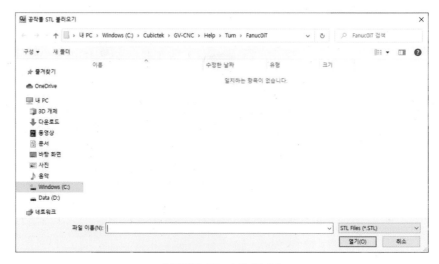

| 공작물 STL파일 열기 |

4) 원점 설정

절대좌표계의 원점을 쉽게 설정할 수 있는 기능을 제공한다.

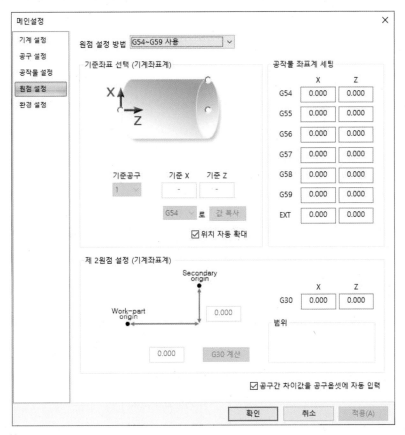

| 원점 설정 |

원점 설정 방법으로는 '공구옵셋(Tool offset) 사용', 'G54~G59 사용', 'G50 사용' 3가지를 제공한다.

① 공구옵셋(Tool offset) 사용

공구옵셋을 통해 원점을 설정하여 가공하는 경우에 사용한다.

㉠ '기준좌표 선택'란에 공작물을 기준으로 한 위치들 중에서 하나를 선택한다.

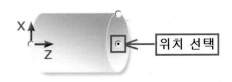

| 기준위치 선택 |

ⓛ 기준공구의 형태를 감안하여 기계좌표계에서의 기준좌표가 표시된다.

| 기준좌표 표시 |

ⓒ '확인' 또는 '적용(A)' 버튼을 클릭하여 공구옵셋을 적용한다.

② G54~G59 사용

G54~G59(공작물 좌표계)를 통해 원점을 설정하여 가공하는 경우에 사용한다.

㉠ '기준좌표 선택'란에 공작물을 기준으로 한 위치들 중에서 하나를 선택한다.

| 기준위치 선택 |

ⓛ 기준공구의 형태를 감안하여 기계좌표계에서의 기준좌표가 표시된다.

| 기준좌표 표시 |

ⓒ 표시된 기준좌표 하단에 원하는 공작물 좌표계를 선택한 후, '값 복사' 버튼을 클릭한다.

| 값 복사 버튼 클릭 |

㉣ 해당 좌표계 값이 기준좌표의 값으로 자동 입력된다.

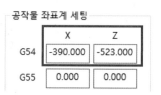

| 기준좌표 자동입력 |

ⓜ '확인' 또는 '적용(A)' 버튼을 클릭하여 공작물 좌표계 데이터를 적용한다.

③ G50 사용

G50을 통해 원점을 설정하여 가공하는 경우에 사용한다.

㉠ '기준좌표 선택'란에 공작물을 기준으로 한 위치들 중에서 하나를 선택한다.

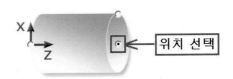

| 기준위치 선택 |

㉡ 기준공구의 형태를 감안하여 기계좌표계에서의 기준좌표가 표시된다.

기준공구	기준 X	기준 Z
1 ∨	-390.000	-523.000

| 기준좌표 표시 |

㉢ '확인' 또는 '적용(A)' 버튼을 클릭하여 공작물 좌표계 데이터를 적용한다.

④ 제2원점 설정(기계좌표계)

제2원점은 G30 코드를 사용했을 때 이송되는 위치를 말한다. 제2원점을 설정할 때는 앞서 3가지의 공구 설정 방법으로 원점을 설정하는 과정 중, 기준좌표를 얻어낸 이후부터 진행할 수 있다.

㉠ 앞서 3가지의 공구 설정 방법으로 원점을 선택하는 과정 중, '기준좌표 선택'란에 기준좌표를 선택한다.

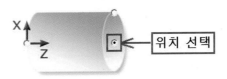

| 기준위치 선택 |

ⓛ 기준좌표를 기준으로 제2원점 위치의 상대거리를 입력한다.

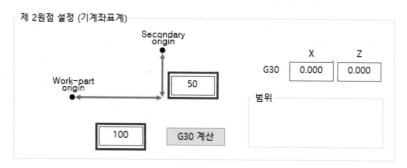

| 기준좌표로부터 상대거리 입력 |

ⓒ 상대거리 입력란 하단의 'G30 계산' 버튼을 클릭하면 제2원점의 위치가 자동 입력된다.

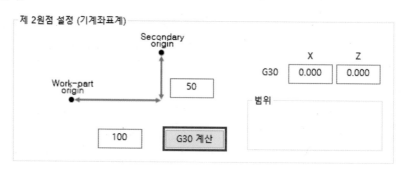

| 'G30 계산' 버튼을 클릭하여 제2원점 위치 자동입력 |

ⓔ 이때 G30 입력란에 직접 값을 입력하여 수정이 가능하다. 각 입력란을 클릭하면 설정할 수 있는 범위가 입력란 하단에 표시되므로 이를 참고하여 값을 입력한다.

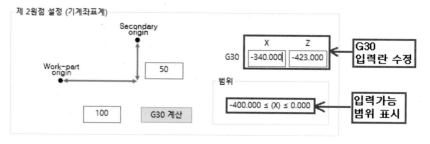

| 제2원점 값 직접입력 |

ⓜ '확인' 또는 '적용(A)' 버튼을 클릭하여 제2원점 데이터를 적용한다.

※ '공구간 차이값을 공구옵셋에 자동 입력'을 체크한 상태에서 '확인' 또는 '적용(A)' 버튼을 클릭하게 되면, 기준공구를 기준으로 공구들 간에 공구 끝점의 위치 차이를 계산하여 공구옵셋에 적용한다.

5) 환경설정

프로그램의 실행 환경과 함께 보조적인 옵션을 제공한다.

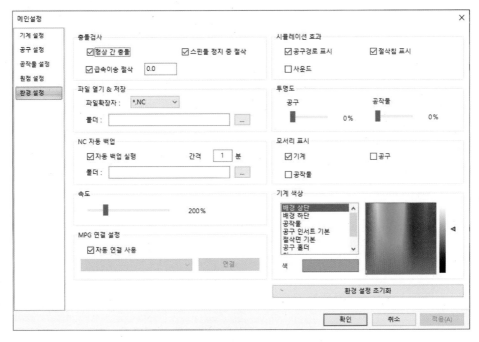

| 환경설정 |

① 충돌검사 : 기계 이송 중 발생할 수 있는 상황들에 대해 알람 발생 여부를 설정한다.

　㉠ 형상 간 충돌 : 기계, 공작물, 홀더 간에 충돌이 발생할 때, 알람을 발생할지 여부를 결정한다.

　㉡ 급속이송 절삭 : 급속이송 중 공작물 절삭이 발생할 때, 알람을 발생할지 여부를 결정한다.

　㉢ 스핀들 정지 중 절삭 : 주축의 스핀들 회전이 정지된 상태에서 공작물을 절삭할 때, 알람을 발생할지 여부를 결정한다.

② 파일 열기 & 저장 : NC파일을 열기 또는 저장할 때, 대화상자의 첫 화면에 표시되는 폴더위치와 선택된 확장자명을 설정한다.

　㉠ 파일 확장자명 : '*.NC', '*.TAP', '*.g', '*.h', '*.MPF', '*.*' 중에서 하나를 선택한다.

　㉡ 폴더 : 　…　 버튼을 클릭한 후에 표시되는 대화상자에서 경로를 지정하거나 입력란에 직접 입력한다. 만약 입력된 경로를 빈칸으로 두거나, 존재하지 않는 경로를 입력할 경우에는 NC 저장 시에 표시되는 대화상자에는 프로그램 설치경로의 위치가 보여진다.

③ NC 자동 백업 : 컨트롤러의 NC코드를 특정 경로위치에 주기적으로 백업하는 기능을 설정한다. 설정값에 따라 입력된 시간을 주기로 지정된 폴더에 'RestoreNC.nc'라는 파일이름으로 NC파일을 저장한다.

　㉠ 자동 백업 실행 : 해당 항목 체크 시, 자동 백업 기능을 수행한다.

　㉡ 간격 : 입력된 시간 주기로 자동 백업 기능을 수행한다.

　㉢ 폴더 : ⬚ 버튼을 클릭한 후에 표시되는 대화상자에서 경로를 지정하거나 입력란에 직접 입력한다. 만약 입력된 경로를 빈칸으로 두거나, 존재하지 않는 경로를 입력할 경우에는 'RestoreNC.nc' 파일을 프로그램 설치경로에 NC파일을 저장한다.

④ 속도 : 시뮬레이션의 속도를 설정한다. 10~1,000% 범위에서 설정 가능하며, 설정된 속도는 시뮬레이션의 전반적인 속도에 영향을 끼친다.

⑤ 시뮬레이션 효과 : 시뮬레이션과 함께 보여지는 기타 효과들을 설정한다.

　㉠ 공구경로 표시 : 시뮬레이션 화면에 공구경로 표시 여부를 설정한다.

　㉡ 절삭칩 표시 : 공작물의 절삭이 발생할 때, 절삭칩 형상의 표시 여부를 설정한다.

　㉢ 사운드 : 공작물의 절삭이 발생할 때, 사운드 효과 여부를 설정한다.

⑥ 투명도 : 공구 형상과 공작물 형상의 투명도를 조정한다. 각 0~100%의 투명도를 설정할 수 있으며, 투명도 값이 클수록 형상이 투명해진다.

⑦ 모서리 표시 : 기계 형상과 공구 형상 및 공작물 형상의 모서리를 표시할 것인지 여부를 결정한다.

⑧ 기계 색상 : 시뮬레이션 화면 내에 3D 모델들의 색상을 설정한다. 좌측 목록에서 항목을 선택 후, 우측의 팔레트 영역에서 원하는 색상을 선택한다.

⑨ 환경설정 초기화 : '환경설정 초기화' 버튼을 클릭하면 모든 환경설정이 초기화된다.

2. NC파일 메뉴

NC파일에 관련된 메뉴들이 포함되어 있다.

| NC파일 메뉴 |

1) 새 NC

① 현재 컨트롤러에서 작성 중인 NC 프로그램을 제거하고 새 NC 프로그램을 작성할 수 있다.

② 현재 작성 중인 NC 프로그램이 저장되지 않은 상태라면, 저장 여부를 묻는 창이 나타난다.

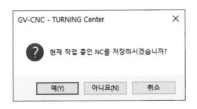

| NC파일 저장 여부 확인 |

2) NC 열기

① PC에 저장된 파일로부터 NC 프로그램을 불러온다.

② 현재 작성 중인 NC 프로그램이 저장되지 않은 상태라면, 저장 여부를 묻는 창이 나타난다. (저장 여부를 묻는 창은 위의 '새 NC' 메뉴의 경우와 동일하다.)

③ 불러올 NC파일을 선택하는 창이 표시되며, 불러올 파일을 더블클릭하거나 선택한 후 '열기' 버튼을 누르면 해당 파일의 NC 프로그램이 컨트롤러에 입력된다.

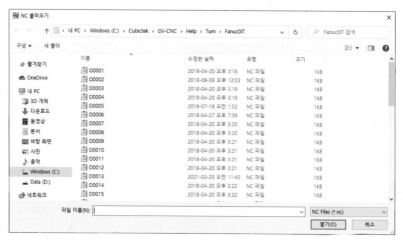

| 불러올 NC파일 선택창 |

3) NC 저장

① 현재 작성 중인 NC 프로그램을 파일로 저장한다.

② 작성 중인 NC 프로그램이 '새 NC' 메뉴를 통해 새로 작성되었다면, NC파일이 저장
될 경로와 이름을 입력하는 창이 나타난다.

③ 현재 NC 프로그램이 파일로 저장된 상태이거나, 기존의 파일로부터 불러온 것이라
면 그 파일에 그대로 저장한다.

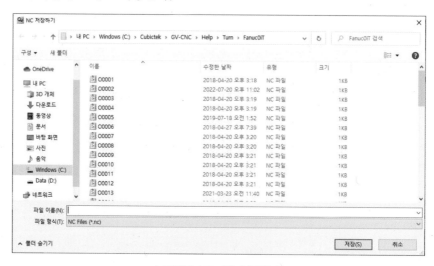

| 저장할 NC파일 입력창 |

4) NC 다른 이름으로 저장

현재의 NC 프로그램을 다른 이름으로 저장한다.

5) 최근 NC파일

최근에 불러왔던 NC파일들을 바로 선택하여 다시 불러올 수 있으며, 최대 5개까지 표시
된다.

6) 자동백업 가져오기

환경설정에서 자동 백업 실행을 설정했을 경우 저장된 파일을 가져온다.

7) 인쇄

현재 작성 중인 NC 프로그램을 인쇄할 수 있다.

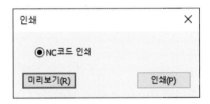

| 인쇄 종류 선택창 |

인쇄 종류를 선택하고 '인쇄' 버튼을 클릭하면 인쇄를 시작한다. 또는 '미리보기' 버튼을
클릭하여 인쇄될 이미지를 확인할 수 있다.

8) 인쇄 설정

프린터의 종류나 용지 설정을 할 수 있다.

| 인쇄 설정창 |

3. 화면 메뉴

시뮬레이션 화면과 프로그램 UI의 변경을 위한 기능이 포함되어 있다.

| 화면 메뉴 |

1) 확대/축소

시뮬레이션 화면을 확대하거나 축소하여 보여준다.

2) 부분확대

시뮬레이션 화면에 마우스로 특정 영역을 지정하면 해당 부분을 확대하여 보여준다.

3) 전체보기

기계 전체가 보이도록 시뮬레이션 화면의 시점을 변경하여 보여준다.

4) 뷰방향

시뮬레이션 화면에서 기계의 모습을 메뉴에서 선택한 방향에 따라 시점을 변경하여 보여준다.

시점방향	시뮬레이션 화면	시점방향	시뮬레이션 화면
정면	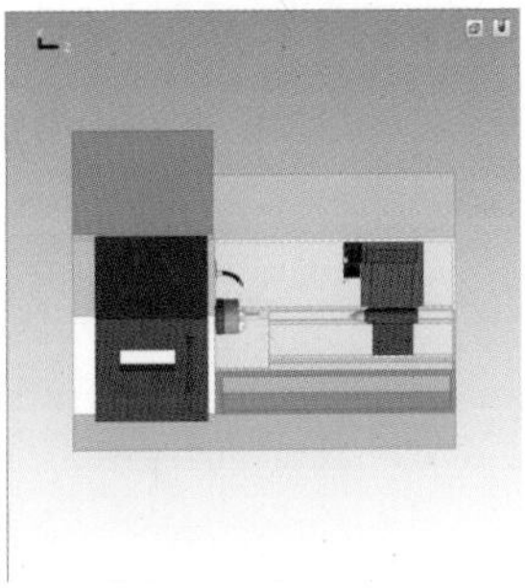	뒷면	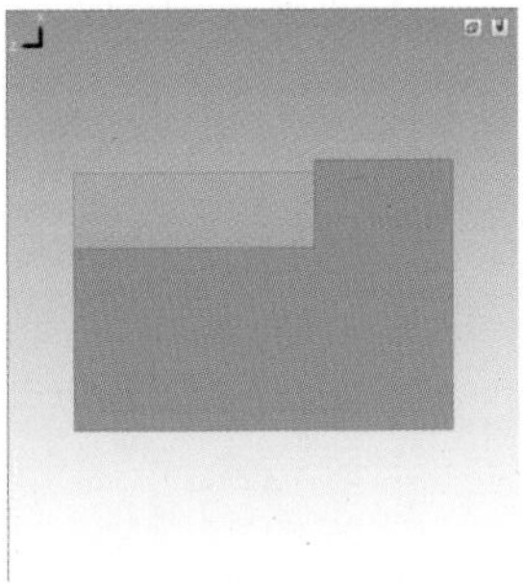
윗면		아랫면	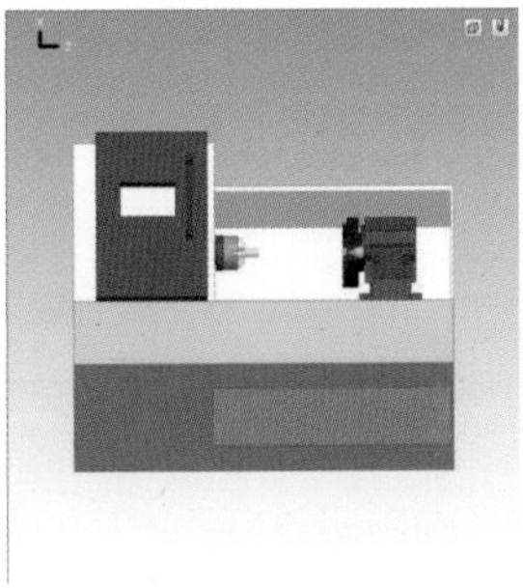
좌측면		우측면	
ISO	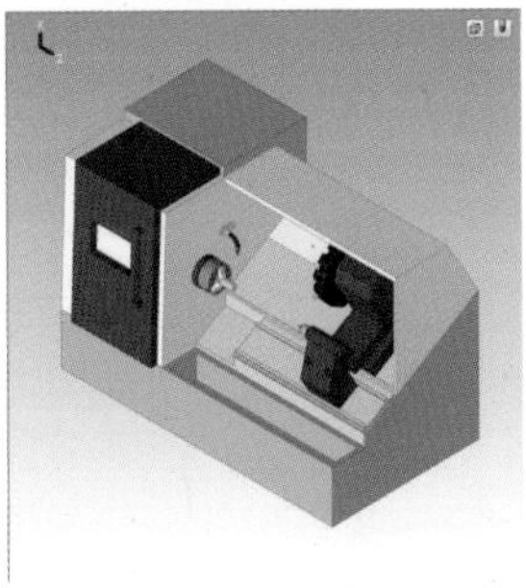		

5) 기계 형상 표시

시뮬레이션 화면에 표시되는 기계 형상들의 모습을 표시하거나 감출 수 있다.

기계 형상 보이기	기계 형상 감추기
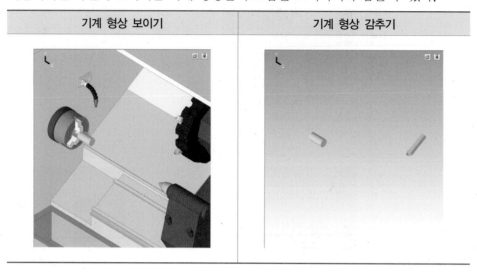	

6) 렌더링 모드

시뮬레이션 화면에 표시되는 모든 형상들의 렌더링 방식을 변경한다. GV-CNC에서는 다음 2가지 렌더링 방식을 제공한다.

① 폴리곤 : 형상들의 모든 폴리곤과 모서리를 렌더링한다.

② 와이어프레임 : 형상들의 모서리만을 화면에 렌더링한다.

폴리곤	와이어프레임
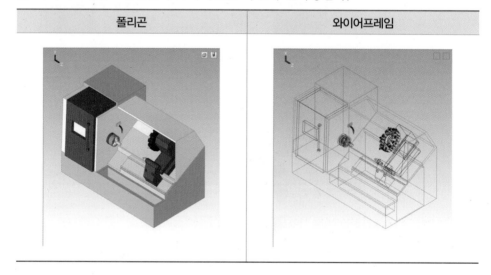	

7) 단면보기

공작물의 단면모양을 확인하기 위해 사용한다.

| 단면보기로 보여지는 공작물 |

8) 창

프로그램에서 사용하는 '컨트롤러창', '가공화면창', '정보창', '컨트롤러 정보창'들을 표
시한다.

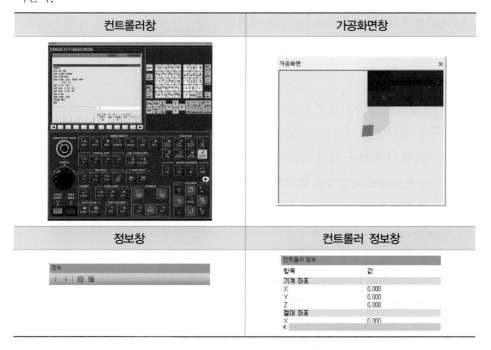

9) 화면정렬

프로그램 실행 초기의 상태로 UI 레이아웃을 원상복구한다.

4. 프로젝트 메뉴

| 프로젝트 메뉴 |

프로젝트와 관련된 메뉴들이 포함되어 있다. 프로젝트 메뉴를 통해 현재 시뮬레이션 환경을 프로젝트 파일로 저장하거나, 프로젝트 파일을 열어 이전에 진행했던 시뮬레이션 환경을 다시 생성할 수 있다.

참고

프로젝트란?
NC 프로그램, 공작물, 매거진, 기계 모달 데이터와 같이 GV-CNC의 시뮬레이션 환경을 구성하는 데이터들을 하나로 묶어 관리하는 단위이다.

1) 새 프로젝트

컨트롤러의 NC 프로그램, 공작물, 매거진의 상태를 모두 초기화하여 새 시뮬레이션 환경을 마련한다.

2) 프로젝트 열기

① 프로젝트 파일을 열어 해당 프로젝트의 시뮬레이션 환경을 생성한다. '프로젝트 열기' 메뉴를 클릭하면 다음과 같이 프로젝트 파일 열기창이 화면에 표시된다.

② '파일 선택 화면'에서 원하는 프로젝트 파일을 더블클릭하거나, '파일 이름'에 원하는 프로젝트 파일명을 입력한 후 '열기' 버튼을 클릭하면 해당 프로젝트의 시뮬레이션 환경을 생성한다.

③ 프로젝트 파일을 선택하면 우측에 표시되는 정보를 통해 선택된 프로젝트 파일의 기계종류, 컨트롤러 NC코드를 확인해 볼 수 있다.

- 기계 종류 : 선택한 프로젝트 파일의 기계 종류에 따라서 'Turning Center', 'Machining Center'로 표시된다.
- 컨트롤러 : 선택한 프로젝트 파일의 컨트롤러 정보가 표시된다.
- 설명 : 선택한 프로젝트 파일에 설명 정보가 표시된다.
- 공작물 : 선택한 프로젝트 파일의 공작물 형상을 보여준다.
- NC : 선택한 프로젝트 파일의 NC 프로그램 정보가 표시된다.

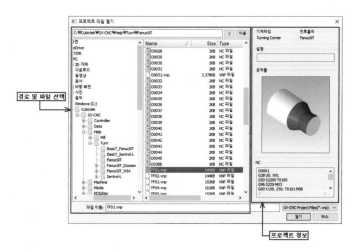

| 프로젝트 파일 열기창 |

3) 프로젝트 저장

① 현재 시뮬레이션 환경을 프로젝트 파일로 저장한다. 현재 시뮬레이션 환경이 파일로 저장되지 않은 상태라면, 프로젝트 파일을 저장할 경로와 이름을 입력하는 창이 표시되며, '저장' 버튼을 클릭하면 시뮬레이션 환경이 파일로 저장된다.

② 우측의 프로젝트 정보를 통해 현재 기계 종류, 설명, 현재 컨트롤러, 현재 NC코드를 확인할 수 있다. '설명'란에는 프로젝트에 대한 메모를 입력해 놓으면 프로젝트 파일 열기창에서 해당 프로젝트 파일을 선택할 때의 '설명'란에 저장했을 때의 설명 정보가 표시된다.

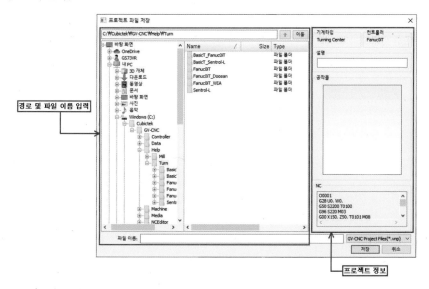

| 프로젝트 파일 저장창 |

4) 프로젝트 다른 이름으로 저장

현재 시뮬레이션 환경을 다른 이름의 파일로 저장한다.

5. 검증

검증 프로그램을 실행한다. 이 검증 프로그램으로 현재 가공된 공작물을 대상으로 다음 기능들을 사용할 수 있다.

• 공작물 치수 측정

• 정상 가공된 공작물 파일과 비교를 통한 과 · 미삭 검사

• 채점 기준에 의한 채점 기능

※ 검증 프로그램의 자세한 사용방법에 대해서는 5장(Veri-Turn)을 참고

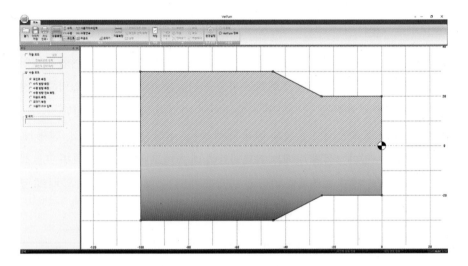

| 선반 검증 프로그램 'VeriTurn' 실행화면 |

6. NC 에디터

NC Editor를 실행한다. NC Editor는 현재 작성된 NC를 기준으로 다음 기능들을 사용할 수 있다.

- GV-CNC 컨트롤러 화면보다 NC 프로그램 작성이 편리한 에디터 제공
- NC 프로그램 작성을 돕는 Code Wizard 기능
- 작성된 NC 프로그램의 가공경로 출력

| NC Editor 실행화면 |

7. 도움말

NC 프로그램에 대한 예제와 프로그램 정보에 대한 메뉴가 포함되어 있다.

| NC Editor 실행화면 |

1) 실습예제

GV-CNC를 통해 실습 가능한 예제들을 PDF 파일로 제공하는 창을 표시한다.

2) 매뉴얼

GV-CNC 매뉴얼을 PDF 파일로 제공하는 창을 표시한다.

3) 최신 버전체크

GV-CNC에서 최신 업데이트 파일이 있는 경우 파일을 다운로드 할 수 있게 한다.

| 최신 버전 다운로드 화면 |

4) About GV-CNC

GV-CNC에 대한 정보를 제공하는 창을 표시한다.

| About GV-CNC창 |

8. 팝업 메뉴

시뮬레이션 화면에서 마우스 오른쪽 버튼을 클릭하면 표시되는 메뉴이며, 간편하게 사용
되는 기능들을 포함하고 있다.

| 선반 팝업 메뉴 |

1) 공작물 재생성

현재 장착되어 있는 공작물을 재생성한다.

2) 공구경로 표시

시뮬레이션 화면에 공구경로를 표시할지에 대한 여부를 설정한다.

3) 기계 형상 표시

시뮬레이션 화면에 표시되는 기계 형상들의 모습을 표시하거나 감출 수 있다.

4) 단면보기

'3. 화면 메뉴'의 '7) 단면보기'와 동일하다.

5) 부분확대

'3. 화면 메뉴'의 '2) 부분확대'와 동일하다.

6) 뷰방향

'3. 화면 메뉴'의 '4) 뷰방향'과 동일하다.

7) 가공 속도

시뮬레이션 속도를 50%, 100%, 200%로 설정한다.

8) 공작물 회전

공작물을 회전시킨다.

공작물 회전 전	공작물 회전 후
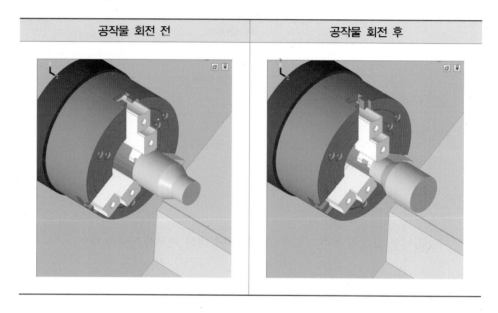	

❸ 머시닝센터(Machining Center)

1. 설정 메뉴

프로그램의 설정과 관련된 기능들이 포함되어 있다.

| 밀링 설정 메뉴 |

1) 기계 설정

기계의 일반적인 설정, NC 해석 설정, DNC 관련 설정이 가능하다.

| 기계 설정창 |

① 기계 모델 : 기본 3축 밀링

② 컨트롤러 : Fanuc0iM_Hwacheon, Fanuc0iM_Doosan, Fanuc0iM_WIA, Sentrol−M의 4가지 컨트롤러가 있으며, 기본적으로 Fanuc0iM_Hwacheon 컨트롤러가 설정되어 있다.

③ 스트로크 : 각 축의 스트로크를 설정할 수 있으며, 기계 원점으로부터 이동 가능한 위치를 입력한다. 기계 이동 시에 입력된 스트로크 범위를 벗어나게 되면 Over Travel 알람이 발생되도록 한다.

④ NC코드 소수점 처리 : NC코드의 소수점 처리에 대한 설정을 할 수 있으며, NC코드에 'X1'을 입력했을 때, 설정에 따라서 처리되는 결과는 다음과 같다.

전탁형/종래형 구분	전탁형/종래형 구분 없음	소수점 없으면 오류
X0.001	X1.	알람 발생

⑤ M Code : NC코드 입력 시 한 줄 내에 허용되는 M코드의 개수를 설정하며, 만약 설정된 개수보다 많은 M코드를 입력한 뒤, 가공을 수행하면 알람이 발생된다.

⑥ 문법 옵션

⑦ 기계 설정 초기화 : '기계 설정 초기화' 버튼을 클릭하면 변경된 설정이 초기화된다.

2) 공구 설정

매거진에 장착된 공구들에 대한 설정을 한다.

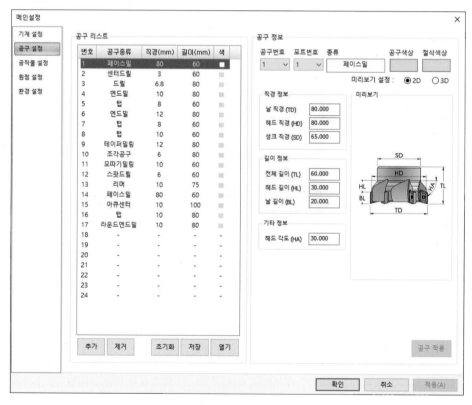

| 공구 설정창 |

① 공구 리스트 : 현재 매거진에 장착된 공구 목록으로 공구 설정창에서 설정들을 변경한 후에 '확인' 또는 '적용(A)' 버튼을 클릭하면, 최종적으로 공구 설정창의 내용이 적용된다.

② 추가

　㉠ '추가' 버튼을 클릭하면 공구 리스트에서 비어있는 가장 빠른 번호가 선택되고, '공구 리스트'에서 마우스로 직접 빈 공구를 선택할 수 있다.

| '추가' 버튼 클릭 또는 직접 빈 공구 선택 |

ⓒ 공구 정보에 '새 공구종류 선택' 화면이 표시된다.

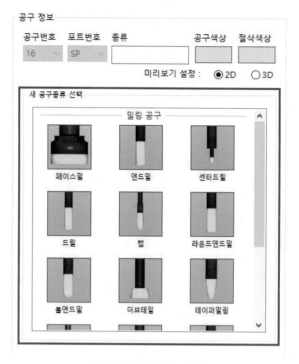

| 새 공구종류 선택 화면 |

ⓒ 추가할 공구종류를 선택한다.

| 추가할 공구종류 선택 |

ㄹ '공구 리스트'에 추가된 공구를 확인한다.

번호	공구종류	직경(mm)	길이(mm)	색
1	페이스밀	80	60	■
2	엔드밀	10	80	■
3	센터드릴	4	60	■
4	드릴	8	80	■
5	탭	6	60	■
6	라운드엔드밀	10	80	■
7	볼엔드밀	10	80	■
8	더브테일	20	80	■
9	테이퍼밀링	12	80	■
10	조각공구	6	80	■
11	모따기밀링	10	60	■
12	스팟드릴	6	60	■
13	리머	6	75	■
14	보링	16	80	■
15	아큐센터	10	100	■
16	센터드릴	4	60	□
17	-	-	-	-
18	-	-	-	-
19	-	-	-	-
20	-	-	-	-
21	-	-	-	-
22	-	-	-	-
23	-	-	-	-
24	-	-	-	-

추가 제거   초기화 저장 열기

| 추가된 공구 리스트 확인 |

③ 제거

　　㉠ '공구 리스트'에서 제거할 공구번호를 선택한다.

　　㉡ '제거' 버튼을 클릭한다.

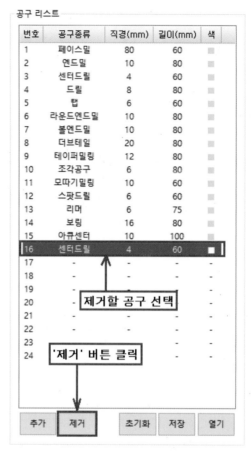

| 제거할 공구 선택 및 '제거' 버튼 클릭 |

ⓒ '공구 리스트'에서 공구가 제거된 것을 확인한다.

공구 리스트

번호	공구종류	직경(mm)	길이(mm)	색
1	페이스밀	80	60	■
2	엔드밀	10	80	■
3	센터드릴	4	60	■
4	드릴	8	80	■
5	탭	6	60	■
6	라운드엔드밀	10	80	■
7	볼엔드밀	10	80	■
8	더브테일	20	80	■
9	테이퍼밀링	12	80	■
10	조각공구	6	80	■
11	모따기밀링	10	60	■
12	스팟드릴	6	60	■
13	리머	6	75	■
14	보링	16	80	■
15	아큐센터	10	100	■
16	-	-	-	-
17	-	-	-	-
18	-	-	-	-
19	-	-	-	-
20	-	-	-	-
21	-	-	-	-
22	-	-	-	-
23	-	-	-	-
24	-	-	-	-

| 추가 | 제거 | | 초기화 | 저장 | 열기 |

| 삭제된 공구 리스트 확인 |

④ 초기화

㉠ '초기화' 버튼을 클릭한다.

| '초기화' 버튼 클릭 |

ⓛ 초기화 완료를 알리는 메시지창이 표시되면 '확인' 버튼을 클릭한다.

| 초기화 안내 메시지 |

ⓒ 설정창 내의 공구 정보가 초기화된 것을 확인한다.

⑤ 저장

㉠ '저장' 버튼을 클릭한다.

| '저장' 버튼 클릭 |

ⓛ 매거진 파일 저장 대화상자에 저장할 매거진 파일의 경로와 이름을 입력하고 '저장 (S)' 버튼을 클릭하여 매거진 파일을 저장한다.

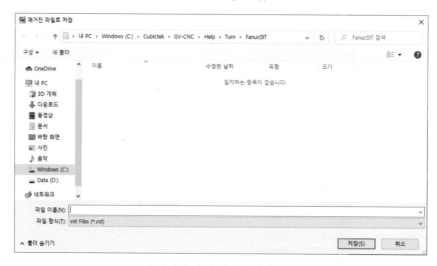

| 매거진 파일 저장 대화상자 |

⑥ 열기

㉠ '열기' 버튼을 클릭한다.

| '열기' 버튼 클릭 |

㉡ 불러올 매거진 파일을 더블클릭하거나, 매거진 파일을 선택하고 '열기(O)' 버튼을 클릭한다.

| 매거진 파일 열기 대화상자 |

⑦ 공구 정보 : 공구 리스트에서 선택된 공구의 정보를 확인하고 변경할 수 있다.

㉠ '공구 리스트'에서 공구를 선택한다.

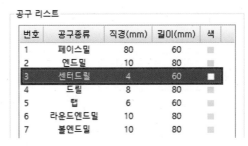

| 정보를 변경할 공구 선택 |

ⓛ 공구 설정창 우측에 선택한 공구의 정보가 표시된다.

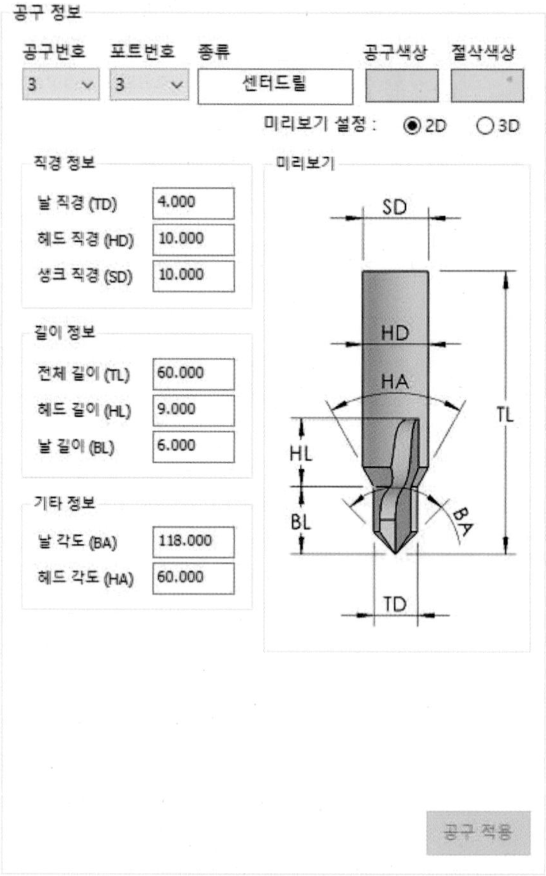

공구 정보

공구번호	포트번호	종류	공구색상	절삭색상
3 ∨	3 ∨	센터드릴		

미리보기 설정 : ◉ 2D ○ 3D

직경 정보

날 직경 (TD) 4.000
헤드 직경 (HD) 10.000
섕크 직경 (SD) 10.000

길이 정보

전체 길이 (TL) 60.000
헤드 길이 (HL) 9.000
날 길이 (BL) 6.000

기타 정보

날 각도 (BA) 118.000
헤드 각도 (HA) 60.000

미리보기

SD
HD
HA
HL
BL
TL
BA
TD

공구 적용

| 선택된 공구 정보 표시 |

ⓒ '공구번호' 또는 '포트번호' 항목을 선택하여 공구번호와 포트번호 변경이 가능하다. 이때 포트번호의 'SP'는 스핀들에 장착되는 것을 의미한다.

| 공구번호와 포트번호 설정 |

ㄹ 만약 설정하려는 번호가 이미 다른 공구에서 사용하고 있는 번호이면 서로 번호가
교체되어 적용되며 다음과 같은 메시지가 표시된다.

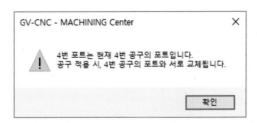

| 기존 다른 공구와 겹치는 번호 설정 시의 메시지 |

ㅁ 공구색상 및 절삭색상을 변경하려면 색상의 표시된 부분을 클릭한다.

| 공구색상 및 절삭색상 선택 |

ㅂ 색상을 선택할 수 있는 대화상자가 표시되며, 원하는 색상을 선택하여 '확인' 버튼
을 클릭한다.

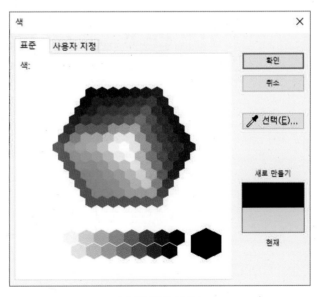

| 공구색상 선택 |

ⓢ 미리보기 설정

2D에 체크된 경우	3D에 체크된 경우
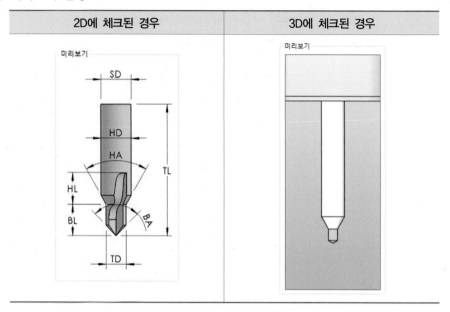	

ⓞ 공구의 모양을 변경하려면 각 공구의 파라미터에 값을 입력한다. (각 공구의 모양을 결정하는 파라미터는 공구의 종류마다 다르다.)

ⓩ '공구 적용' 버튼을 클릭하여 변경한 공구의 설정을 리스트에 반영한다.

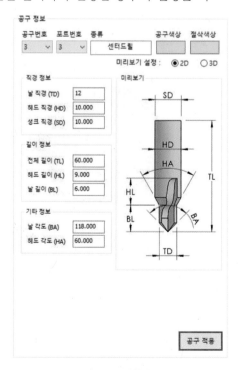

| 공구 적용 |

3) 공작물 설정

공작물의 사이즈를 설정하고, 바이스 및 공작물의 위치에 대한 설정을 할 수 있다.

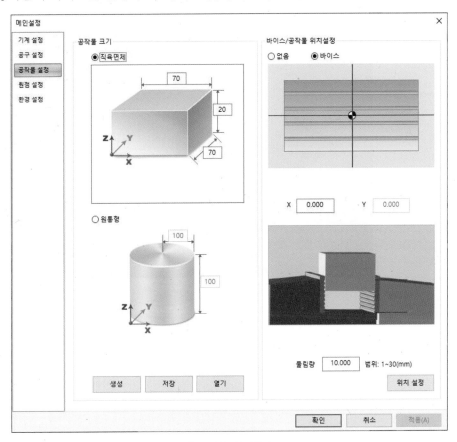

| 공작물 설정창 |

① 공작물 생성

㉠ 직육면체와 원통형 중 하나의 공작물을 선택한다.

㉡ 공작물 예시 그림의 입력란에 해당하는 사이즈를 입력한다.

▼ 공작물 종류 선택

직육면체	원통형

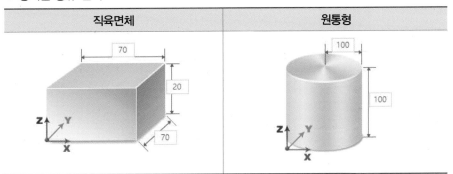

ⓒ '생성' 버튼을 클릭하여 공작물이 생성된 것을 확인한다. 또한 '확인' 또는 '적용 (A)' 버튼을 클릭하여 공작물 생성과 바이스/공작물 위치 설정을 함께 적용할 수도 있다.

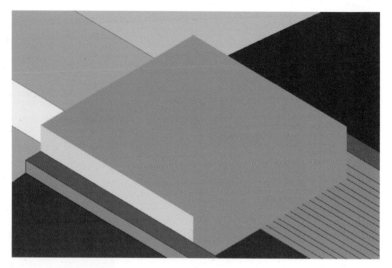

| 공작물 생성 확인 |

② 공작물 저장

'저장' 버튼을 클릭하면 저장할 파일의 경로와 이름을 입력하는 대화상자가 표시된다. 경로 선택과 이름을 입력하고 '저장(S)' 버튼을 클릭하면 현재 공작물이 STL파일로 저장된다.

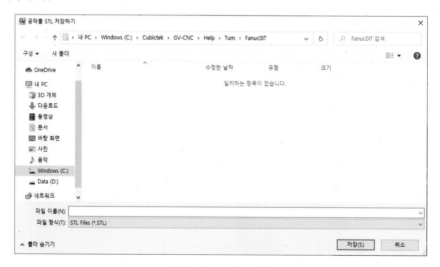

| 공작물 STL파일로 저장 |

③ 공작물 열기

'열기' 버튼을 클릭하면 불러올 STL파일을 선택하는 대화상자가 표시된다. 원하는 파일을 더블클릭하거나, 선택 후 '열기(O)' 버튼을 클릭하면 해당 파일로부터 공작물을 불러온다.

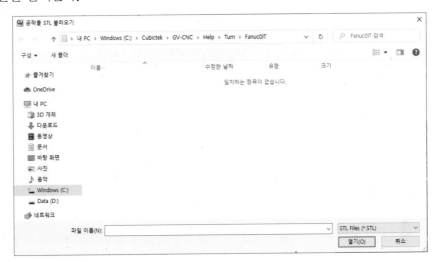

| STL파일로 저장된 공작물 열기 |

④ 바이스 사용 유무 설정

'바이스 사용' 옵션 체크여부에 따라서 바이스 사용 유무 설정이 가능하며, '위치 설정' 버튼을 클릭하면 바이스 사용 유무 설정이 적용된다. ('확인' 또는 '적용(A)' 버튼을 클릭하여 공작물 생성과 바이스/공작물 위치 설정을 함께 적용할 수도 있다.)

▼ 바이스 사용 유무 설정

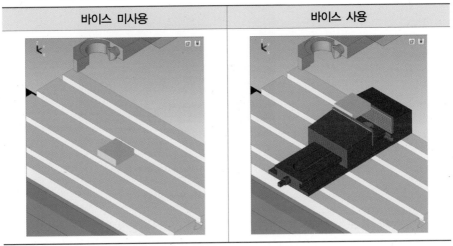

| 바이스 미사용 | 바이스 사용 |

※ 바이스 사용 유무를 변경하면 공작물의 실제 위치가 변경되기 때문에, 원점과 같이 위치에 관련된 설정 등을 다시 해줘야 한다.

⑤ 바이스/공작물 위치 설정

바이스 및 공작물의 위치를 변경할 수 있다. 아래 그림의 영역에서 마우스 왼쪽 버튼을 클릭하여 위치를 변경할 수 있으며, X 또는 Y 입력란에 직접 위치를 입력할 수도 있다.

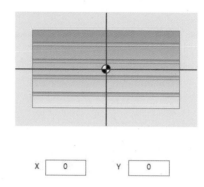

| 바이스/공작물 위치 설정 |

'위치 설정' 버튼을 클릭하면 바이스/공작물 위치 설정이 적용된다. ('확인' 또는 '적용(A)' 버튼을 클릭하여 공작물 생성과 바이스/공작물 위치 설정을 함께 적용할 수도 있다.)

※ 바이스 사용 시에는 바이스에 고정된 상태이기 때문에 Y방향으로 위치 변경을 할 수 없다.

⑥ 물림깊이 설정

바이스에 공작물이 물리는 길이를 설정할 수 있으며, '위치 설정' 버튼을 클릭하면 물림깊이가 적용된다.

| 물림깊이 설정 |

('확인' 또는 '적용(A)' 버튼을 클릭하여 공작물 생성과 바이스/공작물 위치 설정을 함께 적용할 수도 있다.)

※ 바이스를 사용하지 않을 때에는 물림깊이가 공작물 위치에 아무런 영향을 주지 않는다.

4) 원점 설정

절대좌표계의 원점을 쉽게 설정할 수 있는 기능을 제공한다. 원점 설정 방법으로는 'G54~G59 사용', 'G92 사용' 2가지를 제공한다.

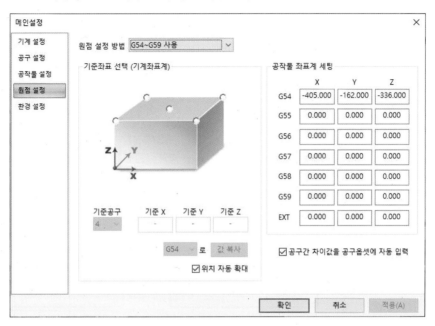

| 원점 설정창 |

① G54~G59 사용

G54~G59(공작물 좌표계)를 통해 원점을 설정하여 가공하는 경우에 사용한다.

㉠ '원점 설정 방법' 항목에서 'G54~G59 사용' 항목을 선택한다.

㉡ '기준좌표 선택'란에 공작물을 기준으로 한 위치들 중에서 하나를 선택한다.

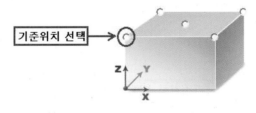

| 기준위치 선택 |

ⓒ 기준공구의 형태를 감안하여 기계좌표계에서의 기준좌표가 표시된다.

| 기준좌표 표시 |

ⓓ 표시된 기준좌표 하단에 원하는 공작물 좌표계를 선택한 후, '값 복사' 버튼을 클릭한다.

| 원점 설정창 |

ⓜ 해당 좌표계 값이 기준좌표의 값으로 자동 입력된다.

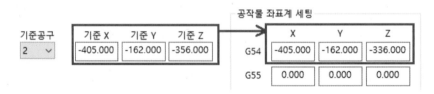

| 원점 설정창 |

ⓗ '확인' 또는 '적용(A)' 버튼을 클릭하여 공작물 좌표계 데이터를 적용한다.

② G92 사용

G92을 통해 원점을 설정했을 때와 같이 가공하는 경우에 사용된다.

ⓐ '원점 설정 방법' 항목에서 'G92 사용' 항목을 선택한다.

ⓑ '기준좌표 선택'란에 공작물을 기준으로 한 위치들 중에서 하나를 선택한다.

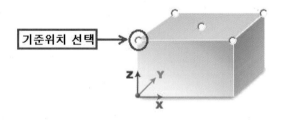

| 기준위치 선택 |

ⓒ 기준공구의 형태를 감안하여 기계좌표계에서 기준좌표가 표시된다.

| 기준좌표 표시 |

ⓔ '확인' 또는 '적용(A)' 버튼을 클릭하여 원점을 설정한다.

※ '공구간 차이값을 공구옵셋에 자동 입력'을 체크한 상태에서 '확인' 또는 '적용(A)' 버튼을 클릭하게 되면, 기준공구를 기준으로 공구들 간에 공구 끝점의 길이 차이를 계산하여 공구옵셋에 적용한다.

5) 환경설정

프로그램의 실행 환경과 함께 보조적인 옵션을 제공한다.

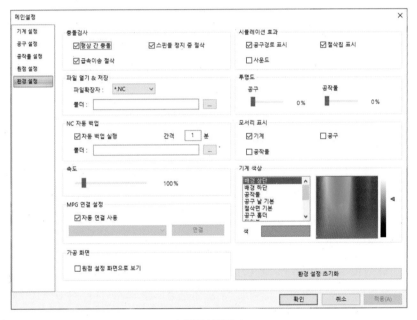

| 환경설정창 |

① 충돌검사 : 기계 이송 중 발생할 수 있는 상황들에 대해 알람 발생 여부를 설정한다.

ⓐ 형상 간 충돌 : 기계, 공작물, 홀더 간에 충돌이 발생할 때, 알람을 발생할지 여부를 결정한다.

ⓑ 급속이송 절삭 : 급속이송 중 공작물 절삭이 발생할 때, 알람을 발생할지 여부를 결정한다.

ⓒ 스핀들 정지 중 절삭 : 주축의 스핀들 회전이 정지된 상태에서 공작물을 절삭할 때, 알람을 발생할지 여부를 결정한다.

② 파일 열기 & 저장 : NC파일을 열기 또는 저장할 때, 대화상자의 첫 화면에 표시되는 폴더위치와 선택된 확장자명을 설정한다.

　㉠ 파일 확장자명 : '*.NC', '*.TAP', '*.g', '*.h', '*.MPF', '*.*' 중에서 하나를 선택한다.

　㉡ 폴더 : ⊡ 버튼을 클릭한 후에 표시되는 대화상자에서 경로를 지정하거나 입력란에 직접 입력한다. 만약 입력된 경로를 빈칸으로 두거나, 존재하지 않는 경로를 입력할 경우에는 NC 저장 시에 표시되는 대화상자에는 프로그램 설치경로의 위치가 보여진다.

③ NC 자동 백업 : 컨트롤러의 NC코드를 특정 경로위치에 주기적으로 백업하는 기능을 설정한다. 설정값에 따라 입력된 시간을 주기로 지정된 폴더에 'RestoreNC.nc'라는 파일이름으로 NC파일을 저장한다.

　㉠ 자동 백업 실행 : 해당 항목 체크 시, 자동 백업 기능을 수행한다.

　㉡ 간격 : 입력된 시간 주기로 자동 백업 기능을 수행한다.

　㉢ 폴더 : ⊡ 버튼을 클릭한 후에 표시되는 대화상자에서 경로를 지정하거나 입력란에 직접 입력한다. 만약 입력된 경로를 빈칸으로 두거나, 존재하지 않는 경로를 입력할 경우에는 'RestoreNC.nc' 파일을 프로그램 설치경로에 NC파일을 저장한다.

④ 속도 : 시뮬레이션의 속도를 설정한다. 10~1,000% 범위에서 설정 가능하며, 설정된 속도는 시뮬레이션의 전반적인 속도에 영향을 끼친다.

⑤ 시뮬레이션 효과 : 시뮬레이션과 함께 보여지는 기타 효과들을 설정한다.

　㉠ 공구경로 표시 : 시뮬레이션 화면에 공구경로 표시 여부를 설정한다.

　㉡ 절삭칩 표시 : 공작물의 절삭이 발생할 때, 절삭칩 형상의 표시 여부를 설정한다.

　㉢ 사운드 : 공작물의 절삭이 발생할 때, 사운드 효과 여부를 설정한다.

⑥ 투명도 : 공구 형상과 공작물 형상의 투명도를 조정한다. 각 0~100%의 투명도를 설정할 수 있으며, 투명도 값이 클수록 형상이 투명해진다.

⑦ 모서리 표시 : 기계 형상과 공구 형상 및 공작물 형상의 모서리를 표시할 것인지 여부를 결정한다.

⑧ 기계 색상 : 시뮬레이션 화면 내에 3D 모델들의 색상을 설정한다. 좌측 목록에서 항목을 선택 후, 우측의 팔레트 영역에서 원하는 색상을 선택한다.

⑨ 환경설정 초기화 : '환경설정 초기화' 버튼을 클릭하면 모든 환경설정이 초기화된다.

2. NC파일 메뉴

NC파일에 관련된 메뉴들이 포함되어 있다.

| NC파일 메뉴창 |

1) 새 NC

① 현재 컨트롤러에서 작성 중인 NC 프로그램을 제거하고 새 NC프로그램을 작성할 수 있다.

② 현재 작성 중인 NC 프로그램이 저장되지 않은 상태라면, 저장 여부를 묻는 창이 나타난다.

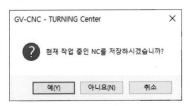

| NC 파일 저장 여부 확인 |

2) NC 열기

PC에 저장된 파일로부터 NC 프로그램을 불러온다.

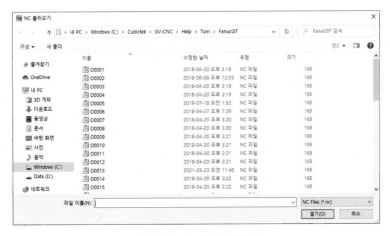

| 불러올 NC파일 선택창 |

① 현재 작성 중인 NC 프로그램이 저장되지 않은 상태라면, 저장 여부를 묻는 창이 나타 난다. 저장 여부를 묻는 창은 위의 '새 NC' 메뉴의 경우와 동일하다.

② 불러올 NC파일을 선택하는 창이 표시되며, 불러올 파일을 더블클릭하거나 선택한 후 '열기' 버튼을 누르면 해당 파일의 NC프로그램이 컨트롤러에 입력된다.

3) NC 저장

① 현재 작성 중인 NC 프로그램을 파일로 저장한다.

② 작성 중인 NC 프로그램이 '새 NC' 메뉴를 통해 새로 작성되었다면, NC파일이 저장 될 경로와 이름을 입력하는 창이 나타난다.

③ 현재 NC 프로그램이 파일로 저장된 상태이거나, 기존의 파일로부터 불러온 것이라 면 그 파일에 그대로 저장된다.

| 저장할 NC 파일 입력창 |

4) NC 다른 이름으로 저장

현재의 NC 프로그램을 다른 이름으로 저장한다.

5) 최근 NC 파일

최근에 불러왔던 NC파일들을 바로 선택하여 다시 불러올 수 있으며, 최대 5개까지 표시 된다.

6) 자동백업 가져오기

환경설정에서 자동 백업 실행을 설정했을 경우 저장된 파일을 가져온다.

7) 인쇄

현재 작성 중인 NC 프로그램을 인쇄할 수 있다.

| 인쇄 종류 선택창 |

인쇄 종류를 선택하고 '인쇄' 버튼을 클릭하면 인쇄를 시작한다. 이때 '미리보기' 버튼을 클릭하여 인쇄될 이미지를 확인할 수 있다.

8) 인쇄설정

프린터의 종류나 용지 설정을 할 수 있다.

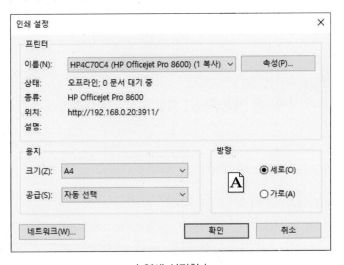

| 인쇄 설정창 |

3. 화면 메뉴

시뮬레이션 화면과 프로그램 UI의 변경을 위한 기능이 포함되어 있다.

| 화면 메뉴 |

1) 확대/축소

시뮬레이션 화면을 확대하거나 축소하여 보여준다.

2) 부분확대

시뮬레이션 화면에 마우스로 특정 영역을 지정하면 해당 부분을 확대하여 보여준다.

3) 전체보기

기계 전체가 보이도록 시뮬레이션 화면의 시점을 변경하여 보여준다.

4) 뷰방향

시뮬레이션 화면에서 기계의 모습을 메뉴에서 선택한 방향에 따라 시점을 변경하여 보여준다.

시점방향	시뮬레이션 화면	시점방향	시뮬레이션 화면
정면	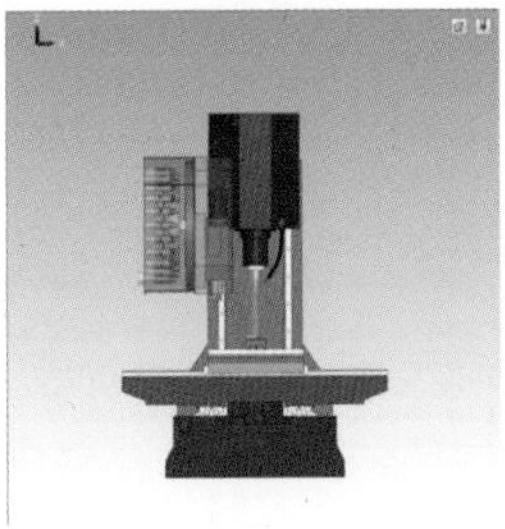	뒷면	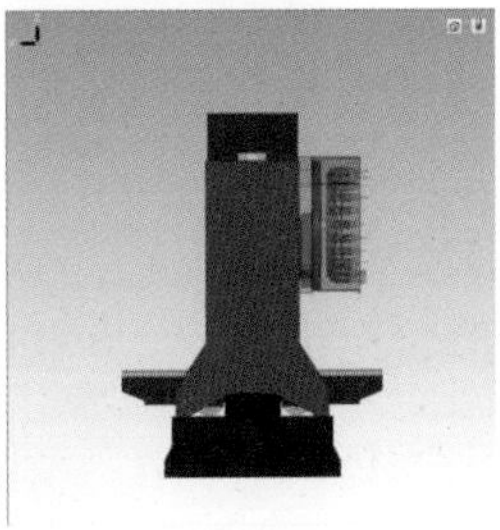
윗면	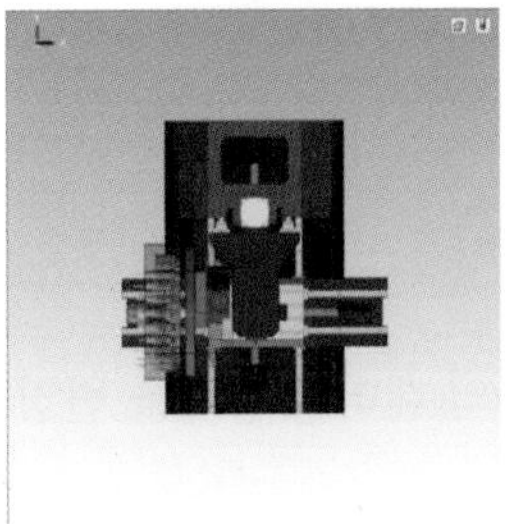	아랫면	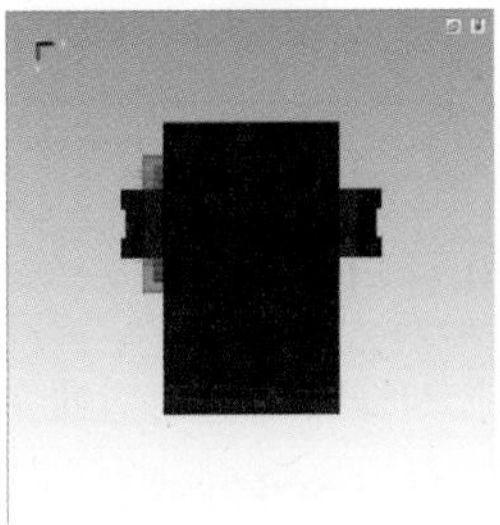
좌측면	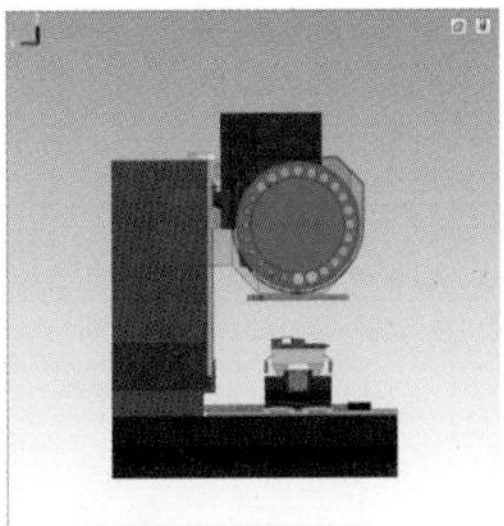	우측면	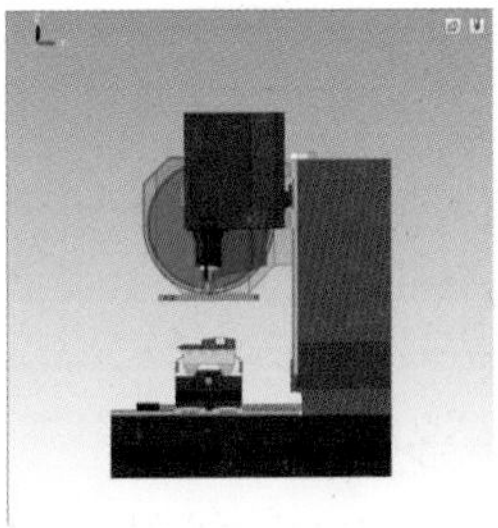
ISO	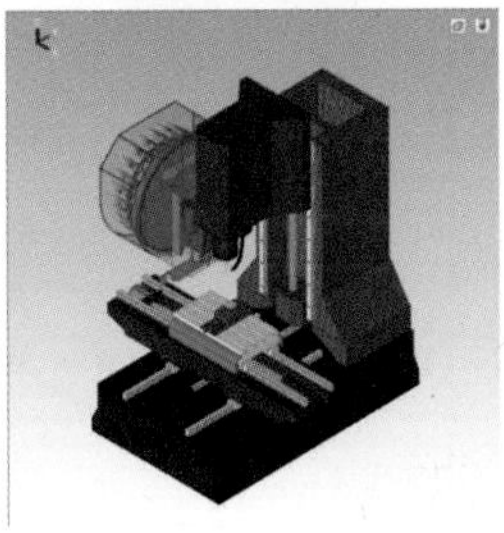		

5) 기계 형상 표시

시뮬레이션 화면에 표시되는 기계 형상들의 모습을 표시하거나 감출 수 있다.

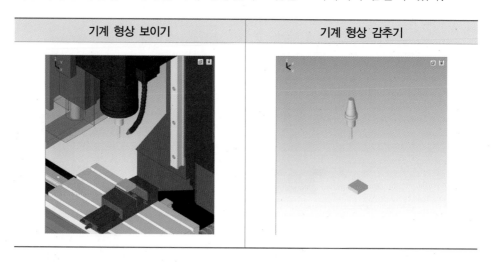

기계 형상 보이기	기계 형상 감추기

6) 렌더링 모드

시뮬레이션 화면에 표시되는 모든 형상들의 렌더링 방식을 변경한다. GV–CNC에서는
다음 2가지 렌더링 방식을 제공한다.

① 폴리곤 : 형상들의 모든 폴리곤과 모서리를 렌더링한다.

② 와이어프레임 : 형상들의 모서리만을 화면에 렌더링한다.

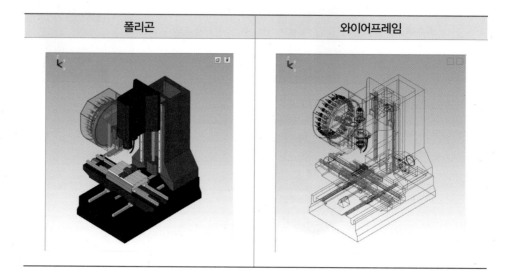

폴리곤	와이어프레임

7) 창

프로그램에서 사용하는 '컨트롤러창', '가공화면창', '정보창', '컨트롤러 정보창'들을 표시한다.

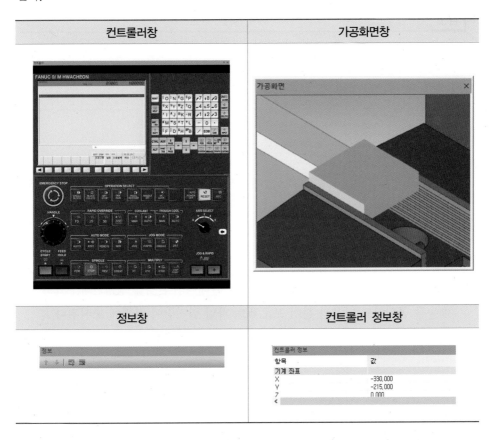

컨트롤러창	가공화면창
정보창	컨트롤러 정보창

8) 화면정렬

프로그램 실행 초기의 상태로 UI 레이아웃을 원상복구한다.

4. 프로젝트 메뉴

새 프로젝트	Ctrl+Shift+N
프로젝트 열기	Ctrl+Shift+O
프로젝트 저장	Ctrl+Shift+S
프로젝트 다른이름으로 저장	

| 프로젝트 메뉴 |

프로젝트와 관련된 메뉴들이 포함되어 있다. 프로젝트 메뉴를 통해 현재 시뮬레이션 환경을 프로젝트 파일로 저장하거나, 프로젝트 파일을 열어 이전에 진행했던 시뮬레이션 환경을 다시 생성할 수 있다.

│참고

프로젝트란?
NC 프로그램, 공작물, 매거진, 기계 모달 데이터와 같이 GV-CNC의 시뮬레이션 환경을 구성하는 데이터들을 하나로 묶어 관리하는 단위이다.

1) 새 프로젝트

컨트롤러의 NC 프로그램, 공작물, 매거진의 상태를 모두 초기화하여 새 시뮬레이션 환경을 마련한다.

2) 프로젝트 열기

프로젝트 파일을 열어 해당 프로젝트의 시뮬레이션 환경을 생성한다. '프로젝트 열기' 메뉴를 클릭하면 다음과 같이 프로젝트 파일 열기창이 화면에 표시된다.

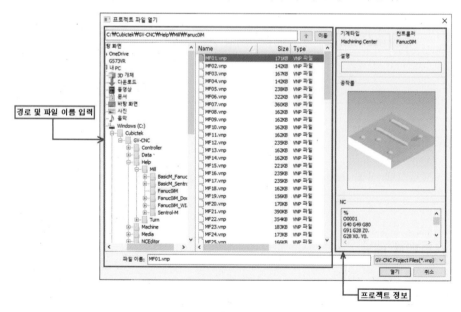

| 프로젝트 파일 열기창 |

① '파일 선택 화면'에서 원하는 프로젝트 파일을 더블클릭하거나, '파일 이름'에 원하는 프로젝트 파일명을 입력한 후 '열기' 버튼을 클릭하면 해당 프로젝트의 시뮬레이션 환경을 생성한다.

② 프로젝트 파일을 선택하면 우측에 표시되는 정보를 통해 선택된 프로젝트 파일의 기계타입, 컨트롤러 NC코드를 확인할 수 있다.

    ㉠ 기계타입 : 선택한 프로젝트 파일의 기계 종류에 따라서 'Turning Center', 'Machining Center'로 표시된다.

    ㉡ 컨트롤러 : 선택한 프로젝트 파일의 컨트롤러 정보가 표시된다.

    ㉢ 설명 : 선택한 프로젝트 파일에 설명 정보가 표시된다.

    ㉣ 공작물 : 선택한 프로젝트 파일의 공작물 형상을 보여준다.

    ㉤ NC : 선택한 프로젝트 파일의 NC 프로그램 정보가 표시된다.

3) 프로젝트 저장

현재 시뮬레이션 환경을 프로젝트 파일로 저장한다. 현재 시뮬레이션 환경이 파일로 저장되지 않은 상태라면, 프로젝트 파일을 저장할 경로와 이름을 입력 받는 창이 표시되며, '저장' 버튼을 클릭하면 시뮬레이션 환경이 파일로 저장된다.

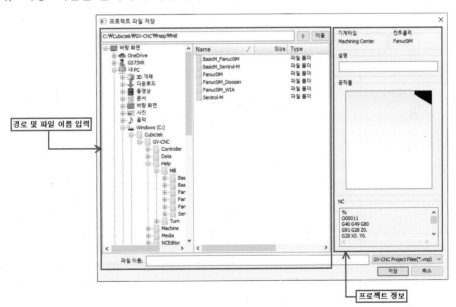

| 프로젝트 파일 저장창 |

우측의 프로젝트 정보를 통해 현재 기계타입, 설명, 현재 컨트롤러, 현재 NC코드를 확인할 수 있다. '설명'란에는 프로젝트에 대한 메모를 입력해 놓으면 프로젝트 파일 열기 창에서 해당 프로젝트 파일을 선택할 때의 '설명'란에 저장했을 때의 설명 정보가 표시된다.

4) 프로젝트 다른 이름으로 저장

현재 시뮬레이션 환경을 다른 이름의 파일로 저장한다.

5. 검증

검증 프로그램을 실행한다. 이 검증 프로그램으로 현재 가공된 공작물을 대상으로 다음 기능들을 사용할 수 있다.

• 공작물 치수 측정

• 정상 가공된 공작물 파일과 비교를 통한 과 · 미삭 검사

• 채점 기준에 의한 채점 기능

※ 검증 프로그램의 자세한 사용방법에 대해서는 6장(Veri-Mill)을 참고

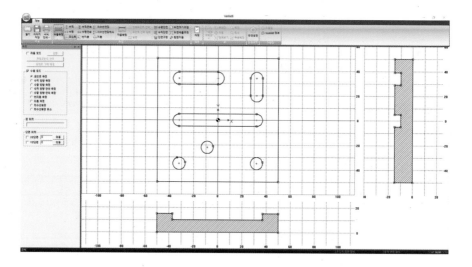

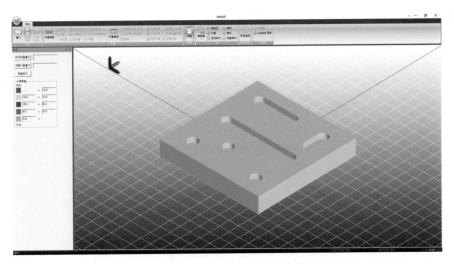

| 밀링 검증 프로그램 'VeriMill' 실행화면 |

6. NC 에디터

NC Editor를 실행한다. NC Editor는 현재 작성된 NC를 기준으로 다음 기능들을 사용할 수 있다.

- GV–CNC 컨트롤러 화면보다 NC 프로그램 작성이 편리한 에디터 제공
- NC 프로그램 작성을 돕는 Code Wizard 기능
- 작성된 NC 프로그램의 가공경로 출력

| NC Editor 실행화면 |

7. 도움말

NC 프로그램에 대한 예제와 프로그램 정보에 대한 메뉴가 포함되어 있다.

| NC Editor 실행화면 |

1) 실습예제

GV-CNC를 통해 실습 가능한 예제들을 PDF 파일로 제공하는 창을 표시한다.

2) 매뉴얼

GV-CNC 매뉴얼을 PDF 파일로 제공하는 창을 표시한다.

3) 최신 버전체크

GV-CNC에서 최신 업데이트 파일이 있는 경우 파일을 다운로드 할 수 있게 한다.

| 최신 버전 다운로드 화면 |

4) About GV-CNC

GV-CNC에 대한 정보를 제공하는 창을 표시한다.

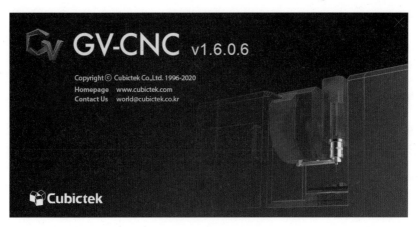

| About GV – CNC창 |

8. 팝업 메뉴

시뮬레이션 화면에서 마우스 오른쪽 버튼을 클릭하면 표시되는 메뉴이며, 간편하게 사용
되는 기능들을 포함하고 있다.

| 밀링 팝업 메뉴 |

1) 공작물 재생성

현재 장착되어 있는 공작물을 재생성한다.

2) 공구경로 표시

시뮬레이션 화면에 공구경로를 표시할지에 대한 여부를 설정한다.

3) 기계 형상 표시

시뮬레이션 화면에 표시되는 기계 형상들의 모습을 표시하거나 감출 수 있다.

4) 부분확대

'3. 화면 메뉴'의 '2) 부분확대'와 같은 내용이다.

5) 뷰방향

'3. 화면 메뉴'의 '4) 뷰방향'과 같은 내용이다.

6) 가공 속도

시뮬레이션 속도를 50%, 100%, 200%로 설정한다.

7) 공작물 회전

공작물을 각 X, Y, Z축을 기준으로 회전시킨다.

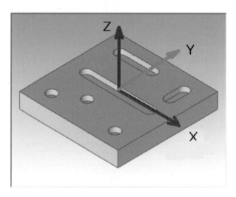

| 공작물 회전축 |

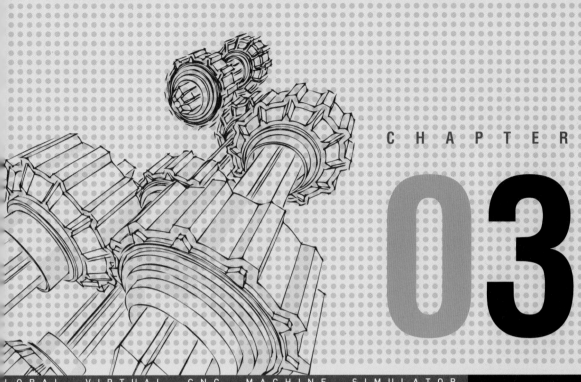

터닝센터(Turning Center) 운전 및 조작

1 기계 명칭 및 기능

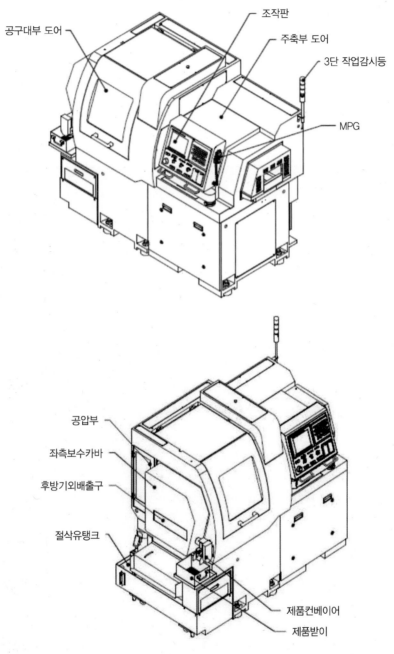

| Turning Center 기계 명칭 |

2 NC장치 사양

컨트롤러 UI는 Flash를 기반으로 사용자 Interface를 최대한 반영하여 개발되었으며 실제 기계에서 작업하는 방법과 동일하게 사용할 수 있도록 구현되어 있다.

① CRT, 키패드, 조작판으로 구성된 컨트롤러는 각 화면 크기를 윈도우 환경에 맞게 크기를 조절하거나 위치를 변경할 수 있다.

② 실제 컨트롤러 조작 방법과 동일하게 작업할 수 있는 CRT를 제공하며 컨트롤러 조작에 따라 가상기계가 동작한다.

| FANUC 0i 컨트롤러 |

각 컨트롤러의 조작판은 같은 컨트롤러를 사용해도 공작기계의 메이커에 따라서 스위치 모양과 종류, 조작 방법 등은 다르다. 그러나 한 가지의 모델만 잘 익혀 두면 다른 메이커 기계를 접해도 큰 어려움 없이 조작이 가능하다.

GV-CNC에서의 컨트롤러 조작은 버튼과 토글키는 마우스를 클릭하여 사용하고 나머지 조작 스위치는 마우스를 누른 상태에서 표시된 방향으로 마우스를 움직여 조작한다.

1. CRT

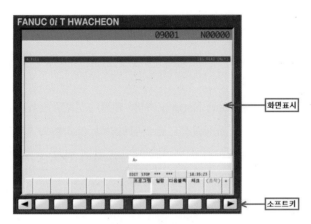

| CRT 화면 설정 |

Soft Key : 용도에 따라 여러 가지 기능이 주어지고 기능에 따라 화면의 제일 아래에 표시된다.

2. 조작판 기능

① 모드

어떤 종류의 작업을 할 것인지 결정한다. 마우스로 해당 모드를 클릭하여 작업을 선택한다.

| 모드 버튼 |

㉠ EDIT(편집) : 프로그램의 신규 작성 및 메모리에 등록된 프로그램과 공구 옵셋 등을 수정할 수 있다.

㉡ AUTO(자동운전) : 기계에 따라 'MEMORY'로도 표기되며, 이미 메모리에 등록한 프로그램을 불러오거나 새로 작성한 NC 프로그램을 자동 운전한다.

ⓒ MDI(Manual Data Input, 반자동) : 통상의 프로그램과 같은 형식으로 최대 10행 분의 프로그램을 작성하여 실행할 수 있다.

ⓓ REMOTE : 기계에 따라 'DNC 운전'으로 표기되며, 리더/펀쳐 인터페이스를 통해 프로그램을 읽으며 가공할 수 있다.

ⓔ HANDLE : MPG(Manual Pulse Generator)라고도 표시하며 조작판의 핸들을 이용하여 축을 이동시킬 수 있다. 핸들의 한 눈금(1Pulse)당 이동량은 파라미터의 설정에 따라 0.001mm, 0.01 mm, 0.1mm의 종류를 지원한다.

ⓕ JOG(수동) : 공구를 연속적으로 외부 이송속도 조절 스위치의 속도로 이송시킨다. 엔드밀(End Mill)의 직선절삭, 페이스밀(Face Mill)의 직선절삭 등 간단한 수동작업을 한다. 'JOG FEED'의 'RAPID'를 누르고 이송하면 공구를 급속으로 이동시킨다.

ⓖ REF.(Reference Point Return, 원점 복귀) : ZRN(Zero Return, 원점 복귀)이라고도 하며 공구를 기계원점으로 복귀시킨다. 조작판의 원점 방향 축 버튼을 누르면 자동으로 기계원점까지 복귀하고 원점 복귀 완료 후 램프가 점등한다.

② JOG FEED

| JOG 버튼 |

JOG 모드에서 버튼을 눌러 축을 이동시키거나 M.P.G 모드에서 작동할 축을 선택한다. JOG 모드에 축을 이동할 때 버튼을 누르면 버튼이 하이라이트 되며 다시 버튼을 누를 때까지 축이 이동한다. 이송속도가 너무 빠를 경우 '환경설정'에서 시뮬레이션 속도를 40% 이하로 낮추어서 사용한다.

③ EMERGENCY STOP(비상정지)

| 비상정지 버튼 |

돌발적인 충돌이나 위급한 상황에서 작동시킨다. 누르면 비상정지 하고 메인 전원을 차단한 효과를 나타낸다. 해제 방법은 비상정지 버튼을 누른 상태에서 화살표 방향으로 돌리면 버튼이 튀어나오면서 해제된다.

④ FEED OVERRIDE(이송속도 오버라이드)

'FEED OVERRIDE'를 활성화시키기 위해서는 컨트롤러 화면에 있는 ◀을 클릭한다.

| 이송속도 오버라이드 |

자동, 반자동 모드에서 지령된 이송속도를 외부에서 변환시키는 기능이다. 기계 설정에서 컨트롤러가 'Fanuc0iT_Hwacheon'으로 설정된 경우 0~150%까지이고 10% 간격을 가진다.

⑤ SPINDLE OVERRIDE(스핀들 오버라이드)

'SPINDLE OVERRIDE'를 활성화시키기 위해서는 컨트롤러 화면에 있는 ◀을 클릭한다.

| 스핀들 오버라이드 |

모드에 관계없이 주축속도(RPM)를 외부에서 변화시키는 기능이다. 화살표 커서를 눌러 속도를 50~120%까지 조절할 수 있다.

⑥ 핸들(MPG : Manual Pulse Generator)

| 핸들 |

축(Axis)의 이동을 HANDLE 모드에서 펄스단위로 이동시킨다. 마우스로 핸들 (MPG)을 누른 상태에서 반시계 방향으로 마우스를 움직이면 (−) 방향으로 축이 이동하고 시계 방향으로 마우스를 움직이면 (+) 방향으로 축이 움직인다.

⑦ MULTIPLY

| MULTIPLY 버튼 |

핸들(MPG)의 한 눈금당 이동단위를 선택한다.

※ 0.1 Pulse에서 핸들은 천천히 돌려야 한다. 핸들 이동에는 자동 가감속 기능이 없기 때문에 축의 이동에 충격을 주면 볼스크류와 볼스크류지베어링의 파손 원인이 된다.

⑧ HANDLE AXIS

| HANDLE AXIS 버튼 |

클릭하여 이송축을 선택한다.

⑨ SPINDLE

| 스핀들 버튼 |

수동조작(MPG, JOG, RAPID, REF.(ZRN) 모드)에서 마지막 지령된 조건으로 스핀들을 회전한다.

• STOP(정지) : 모드와 관계없이 회전 중인 스핀들을 정지시킨다.

⑩ FUNCTION(기능선택)

| 기능선택 버튼 |

㉠ SINGLE BLOCK : 자동개시의 작동으로 프로그램이 연속적으로 실행되지만, 싱글 블록 기능이 ON 되면 한 블록씩 실행한다. 다시 자동개시를 실행시키면 한 블록 실행하고 정지하는 것을 반복한다.

㉡ OPT. STOP(Optional Program Stop(M01)) : 프로그램에 지령된 M01을 선택적으로 실행되게 한다. 조작판의 M01 스위치가 ON일 때는 프로그램 M01의 실행으로 프로그램이 정지하고 OFF일 때는 M01을 실행해도 기능이 없는 것으로 간주하고 다음 블록을 실행한다.

㉢ BLOCK DELETE : 프로그램 블록 앞에 '/'(슬래시)를 만나면 건너뛰고, 해당 블록은 실행하지 않는다.

㉣ MC LOCK(Machine Lock) : 전 축 이동을 하지 않게 하는 기능으로 자동실행 중 사용하면 위험하다.

ⓜ DRY RUN : 프로그램의 이송속도와 상관없이 내장된 속도로 이동하는 기능으로 위험할 수 있으므로 신중하게 사용한다.

ⓑ PROG. RESTART(Program Restart) : 전원 단전이나 비상정지 등 비정상적으로 운전이 정지된 경우, 프로그램을 재시작한다.

ⓢ AUTO RESTART : 자동개시가 작동되면 프로그램이 연속적으로 실행된다.

⑪ RAPID OVERRIDE(급속 속도조절)

| 급속 속도조절 버튼 |

자동, 반자동, 급속이송 모드에서 G00의 급속 위치결정 속도를 외부에서 변화를 주는 기능이다.

⑫ 자동개시 및 정지

| 자동개시 및 정지 버튼 |

㉠ CYCLE START(자동개시) : 자동, 반자동 모드에서 프로그램을 실행한다.

㉡ FEED HOLD : 자동개시의 실행으로 진행 중인 프로그램을 정지시킨다. 이송정지 상태에서 자동개시 버튼을 누르면 현재 위치에서 재개하고, 이송정지 상태에서는 주축 정지, 절삭유 등은 이송정지 직전의 상태로 유지한다.

3. 키패드 기능

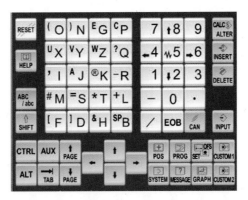

| 키패드 버튼 |

① RESET : Alarm 해제 등을 위해서 CNC를 Reset할 때 사용한다.

② HELP : 조작이 미숙하여 발생하는 Alarm 내용을 상세하게 표시할 때 사용한다.

③ ABC/abc : 알파벳 대소문자를 입력할 수 있다.

④ Address/수치 Key : 영문, 숫자 등의 문자를 입력하기 위해 사용한다.

⑤ SHIFT : 하나의 Key에 2개의 문자가 인쇄된 Address Key가 있는데 'Shift'를 누르면 문자를 바꿔 입력할 수 있다.

⑥ INPUT : Address 또는 수치 Key를 사용하여 입력한 Data Buffer에 입력되고 화면 상단에 표시된다.

⑦ CAN(Cancel) : Key 입력창에 입력된 문자 및 기호를 삭제하고 싶은 경우에 사용하며, 가장 마지막에 입력된 문자 및 기호부터 역순으로 삭제한다.

⑧ 편집키

　㉠ CALC ALTER : 화면표시에서 변경할 부분을 마우스로 드래그하여 블록 설정 후 입력창에 변경할 내용을 입력하고 'CALC ALTER'를 클릭하면 내용이 변경된다.

　㉡ INSERT : 화면표시에서 삽입할 부분을 마우스로 클릭 후 입력창에 삽입할 내용을 입력 후 'INSERT'를 클릭하면 내용이 추가된다.

　㉢ DELETE : 화면표시에서 삭제할 부분을 마우스로 드래그하여 블록 설정 후 'DELETE'를 클릭하면 블록 설정된 부분이 삭제된다.

⑨ 기능키 및 소프트키

기능키는 표시되는 화면의 종류를 선택하기 위해 사용한다. 기능키에 이어서 소프트키를 누름으로써 각 기능에 속하는 화면을 선택할 수 있다.

| 기능키 |

| 소프트키 |

MDI 판넬 기능키를 누르면, 그 기능에 해당하는 페이지 선택용 소프트키가 표시된다. 페이지 선택용 소프트키 하나를 누르면, 해당 페이지의 화면이 표시된다. 표시하고 싶은 페이지의 소프트키가 표시되지 않은 경우는 연속 Menu Key를 누른다. 표시하고 싶은 페이지 화면이 표시되면 조작 선택키를 누르고 조작하고 싶은 내용을 표시한다. 페이지 선택용 소프트키 표시로 돌아가고 싶은 경우는 복귀 Menu Key를 누른다.

㉠ POS : 위치 표시 화면

㉡ PROG : 프로그램 화면

㉢ OFS SET : 오프셋 셋팅화면

㉣ SYSTEM : 시스템 파라미터 및 시스템정보 화면

㉤ MESSAGE : 알람 및 메시지 화면

㉥ GRAPH : 그래픽 화면

Address Key와 수치 Key를 누르면, Key에 대응하는 문자는 일단 Key 입력 Buffer로 들어간다. Key 입력 Buffer의 내용은 화면의 아랫부분에 표시된다. Key가 입력된 Data임을 나타내기 위해서, 선두에 ‘〉’가 표시된다. Key가 입력된 Data의 마지막에는 ‘_’가 표시되고, 다음 문자의 입력 위치를 가리킨다. 입력한 문자를 삭제하려면 ▨ 을 누른다.

⑩ 커서 이동키 : 화면상에 표시된 항목을 이동할 때 사용한다.

⑪ PAGE(페이지 전환키) : 페이지를 순방향이나 역방향으로 전환할 때 사용한다.

3 수동운전

1. 수동 원점 복귀

기계 조작반에서 Reference 점 복귀 스위치는 축마다 파라미터에 정해져 있는 방향으로 기계 가동부를 이동시켜서 기계를 Reference 점으로 복귀시킨다. Reference 점으로 복귀 하면 Reference 점 복귀 완료 램프가 점등된다.

① 모드에서 'REF.' 버튼 을 클릭한다.

② 를 클릭한다. (X축 원점 복귀)

③ 절대좌표와 기계좌표의 X좌표가 0이 된다.

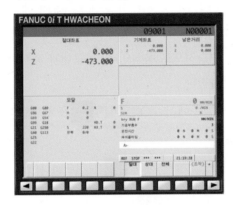

| X축 원점 복귀 |

④ 를 클릭하면 두 버튼이 하이라이트 된다. (Z축 원점 복귀)

⑤ 절대좌표와 기계좌표의 Z좌표가 0이 된다.

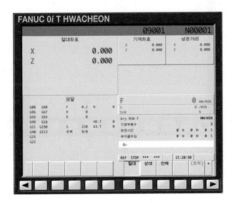

| Z축 원점 복귀 |

| 원점 복귀 후 각축 점등 |

2. JOG 이송

MODE SELECT에서 JOG 모드를 선택한 후 JOG FEED에서 기계 조작반의 이송축 방향의 버튼을 한 번 클릭하면, 선택한 방향으로 공구대를 이동시킬 수 있으며, 버튼을 계속 누르고 있으면 공구대가 연속적으로 움직인다. 공구대가 움직이는 속도는 환경설정의 시뮬레이션 속도에 따라 달라진다.

① MODE SELECT 버튼 중에서 'JOG' 버튼 을 선택한다.

② 이송축을 선택한다.

③ 축을 이송시키려면 JOG FEED에서 을 선택한다.

④ 절대좌표가 X－150이 되도록 을 클릭한다.

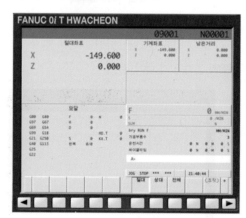

| X축 조그 이송 |

3. 수동 핸들 이송

MODE SELECT에서 HANDLE 모드를 선택한 후 기계 조작반의 수동 펄스 발생기를 회전시켜서 이송할 수 있다. 이동할 축은 HANDLE 축 선택 스위치로 선택한다.

① MODE SELECT 버튼 중에서 'HANDLE' 버튼  을 선택한다.

② HANDLE AXIS에서 Z축을 클릭한다.

| HANDLE AXIS |

③ MULTIPLY에서 X100을 클릭한다.

| MULTIPLY |

④ 마우스로 HANDLE을 클릭한 상태로 반시계 방향(−방향)으로 회전시켜 Z−100.까지 이동해 본다.

| HANDLE |

⑤ 초기 상태에서 시계 방향(+방향)으로 핸들을 돌리면 'OverTravel +Z'라는 에러 메시지가 뜬다.

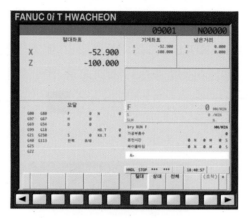

| Z축 핸들 이송 |

4 자동운전

1. AUTO 운전

현재 CRT 화면에 표시된 프로그램을 운전할 때 사용하는 모드이다. 자동운전 중에 'FEED HOLD' 버튼을 누르거나 'RESET' 버튼을 누르면 자동운전이 정지된다.

① 주 메뉴 'NC 열기'를 클릭한다.

| 열기 실행 |

② NC파일을 연다.

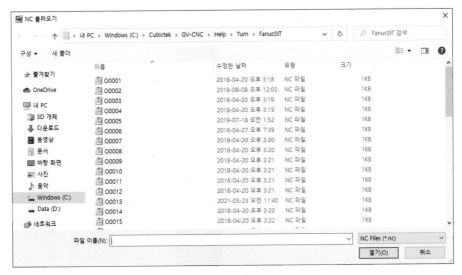

| NC파일 열기 |

③ 컨트롤러의 CRT 화면에 NC 프로그램이 나타난다.

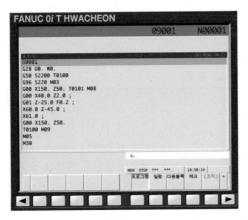

| CRT 화면에 열린 NC 프로그램 |

④ 기계 조작반의 MODE SELECT에서 'AUTO' 버튼 을 클릭한다.

⑤ 'CYCLE START'를 클릭하면 자동운전이 시작되고 START 버튼이 점등한다.

| CYCLE START |

⑥ 'FEED HOLD'를 클릭하면 점등과 동시에 운전이 정지되며 다시 'CYCLE START'를 클릭하면 자동운전이 시작된다.

| FEED HOLD |

⑦ 키패드의 'RESET' 버튼 RESET 을 클릭하면 자동운전이 종료된다.

참고

AUTO 운전의 정지와 종료

지령	코드	내용
Program Stop	M00	M00이 지령된 블록을 실행한 후 운전을 정지한다.
Optional Stop	M01	기계 조작반에 Optional Stop이 ON으로 되어 있는 경우 M01이 지령된 블록을 실행한 후 운전을 정지한다.
Program End	M02 M30	M02, M30을 읽으면 운전을 종료하여 Reset 상태가 된다.
Feed Hold		운전 중 기계 조작반의 Feed Hold를 클릭하면 운전을 일시 정지시킬 수 있다.
Reset		자동운전을 종료시켜 Reset 상태로 만든다. 이동 중에 Reset이 실행되면 감속 후 정지한다.
Optional Block Skip		기계 조작반의 Optional Block Skip을 ON하면 슬래시(/)를 포함하는 블록은 무시된다.

2. MDI 운전

1) 반자동 모드

주로 간단한 TEST 운전 시 사용하는 모드로서 프로그램과 같은 형식으로 사용한다.

① MODE SELECT에서 'MDI' 버튼 을 클릭한다.

② MDI 모드가 CRT 화면에 나타난다.

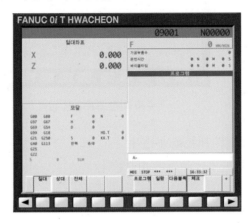

| MDI 모드 화면 |

③ MDI 모드 화면 오른쪽 키패드에서 'T0200'을 입력하고 'INSERT' 버튼 을 누른다.

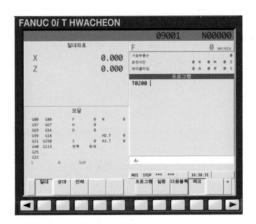

| MDI 프로그램 입력 |

④ 'CYCLE START' 버튼을 누른다.
⑤ 시뮬레이션 화면에서 공구가 교체된다.

⑥ 키패드에서 'G96 S250 M03'을 입력하고 'INSERT' 버튼을 누른다.

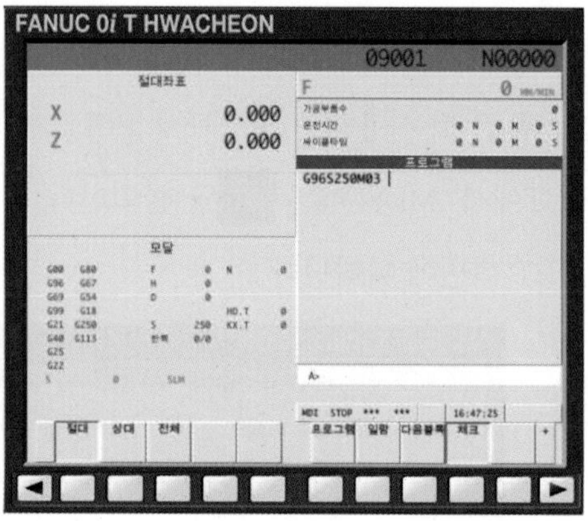

| 주축 회전 프로그램 입력 |

⑦ 'CYCLE START' 버튼을 누른다.

⑧ 시뮬레이션 화면에서 주축이 회전한다.

2) 프로그램의 소거

MDI에서 작성된 프로그램은 다음과 같은 경우에 소거된다.

• MDI 운전에서 M02, M30 또는 %를 실행하는 경우

• AUTO 모드에서 자동운전을 실행하는 경우

• EDIT 모드에서 편집 조작을 실행하는 경우

• Background 편집을 실행하는 경우

3. SINGLE BLOCK

'SINGLE BLOCK' 버튼을 클릭하여 실행하면, 'CYCLE START' 버튼을 누를 때마다 프로그램의 한 블록을 실행한 후 기계는 정지한다. 블록을 하나하나 실행함으로써 프로그램을 확인하며 운전할 수 있다.

① 화면 좌측의 '메인 메뉴 → NC파일 → NC 열기'를 클릭 후 Windows(C) → Cubictek → GV – CNC → Help → Turn(선반인 경우) → Fanuc0iT' 폴더에서 필요한 파일을 불러온다.

② 기계 조작반의 MODE SELECT에서 'AUTO'를 선택한 후, FUNCTION에서 'SINGLE BLOCK' 버튼 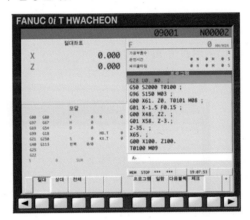 을 클릭한다.

③ 'CYCLE START' 버튼을 클릭한다.

④ 프로그램의 한 블록이 실행된다.

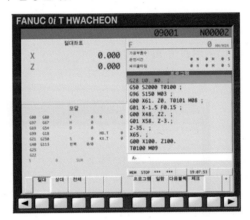

| 프로그램 실행 |

⑤ 다시 'CYCLE START' 버튼을 클릭하면 다음 블록이 실행된다.

⑥ 기계 조작반의 'SINGLE BLOCK' 버튼을 클릭하면 버튼의 불이 꺼지면서 SINGLE BLOCK이 해제된다.

⑦ 'CYCLE START' 버튼을 클릭하면 자동으로 프로그램이 끝까지 실행된다.

5 안전에 대한 조작

1. 비상정지

안전을 위해서 기계의 이동을 잠시 멈추고 싶을 때는 비상정지 버튼을 클릭한다. 공구가 스트로크 범위를 넘어 지나치지 않도록 하기 위한 기능으로 OverTravel, Stroke Check 가 있다.

① 'EMERGENCY STOP' 버튼을 클릭하면 LOCK이 걸린다.

| 비상정지 버튼 |

② 비상정지에 의해 모터 전원이 차단된다.
③ CRT 화면에 알람 메시지가 나타난다.

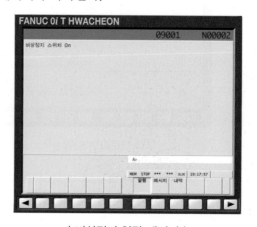

| 비상정지 알람 메시지 |

④ 비상정지 버튼을 마우스 왼쪽 버튼으로 누른 채 화살표 방향으로 돌려 비상정지 버튼을 해제한다.
⑤ 키패드에서 'RESET' 버튼 을 클릭한다.

2. OverTravel

공구가 리미트 스위치에 의해 스트로그 범위를 넘어 이동하고자 할 경우 리미트 스위치가 작동하고 공구는 감속 정지하면서, OverTravel 알람이 표시된다. OverTravel을 해제하기 위해서는 수동으로 공구를 안전한 방향으로 이동시킨 후 'RESET' 버튼을 클릭하여 알람을 해제한다.

① OverTravel 알람이 발생하면 CRT에 알람 메시지가 나타난다.

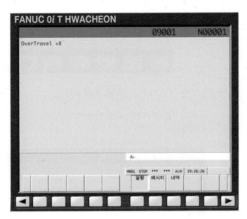

| OverTravel 알람 메시지 |

② MODE SELECT에서 'HANDLE' 버튼을 선택한다.

③ OverTravel 알람 메시지에서는 X축이 이동 범위를 벗어났으므로 HANDLE AXIS 에서 'X' 버튼을 클릭한다.

④ MULTIPLY에서 'X100'을 클릭한다.

⑤ 알람 메시지에 트래블이 표시되었던 방향의 반대 방향 부호대로 HANDLE을 조작한다. 수동이송 HANDLE 위에 마우스를 올려놓고 (−) 방향(왼쪽)을 클릭하면 (−) 방향으로 이동하고, (+) 방향(오른쪽)을 클릭하면 (+) 방향으로 이동한다. '클릭한 횟수 × 이송량'만큼 이동되며 HANDLE을 마우스로 클릭 후 움직여도 이동한다.

⑥ 이동이 완료되면 키패드의 'RESET' 버튼 RESET 을 클릭한다.

6 DATA의 표시와 설정

1. POS에 속한 화면

1) 절대 좌표계에서의 위치표시 화면

① 키패드의 기능키 중 'POS' 버튼 을 클릭한다.

② 소프트키 중 '절대'를 클릭한다.

| 소프트키 |

③ 절대좌표 화면이 나타난다.

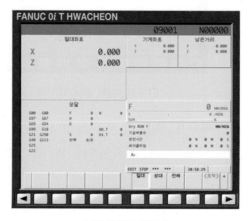

| 절대좌표 화면 |

2) 상대 좌표계에서의 위치표시 화면

① 키패드의 기능키 중 'POS' 버튼 을 클릭한다.

② 소프트키 중 '상대'를 클릭한다.

| 소프트키 |

③ 상대좌표 화면이 나타난다.

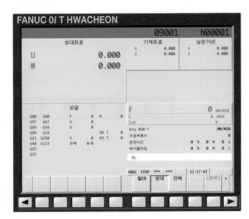

| 상대좌표 화면 |

3) 지정한 축의 위치설정

① 상대좌표 화면에서 키패드의 'X'를 클릭한다. 입력한 X축의 표시가 점멸한다.

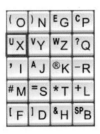

| 키패드 'X' 클릭 |

② 소프트키의 내용이 변경되며 이때 '오리진'을 클릭하면 X의 값이 0으로 Reset된다.

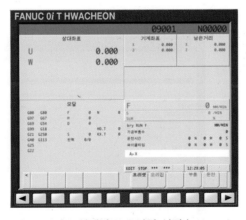

| X 상대좌표 오리진 설정 |

4) 전체 위치표시 화면

① 키패드의 기능키 중 'POS' 버튼  을 클릭한다.

② 소프트키 중 '전체'를 클릭한다.

| 소프트키 |

③ 전체 화면이 나타난다.

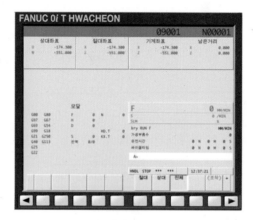

| 전체 화면 |

2. PROG에 속한 화면

1) 프로그램 화면

① 키패드의 기능키 중 'PROG' 버튼 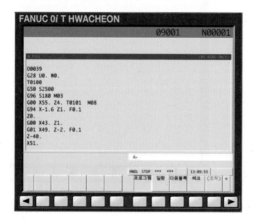 을 클릭한다.

② 소프트키 중 '프로그램'을 클릭한다.

| 프로그램 화면 |

2) 다음블록 화면

① 키패드의 기능키 중 'PROG' 버튼 을 클릭한다.

② 소프트키 중 '다음블록'을 클릭한다.

현재 실행 중인 블록과 다음에 실행되는 블록이 표시되며, 각각 최대 11개까지 표시된다.

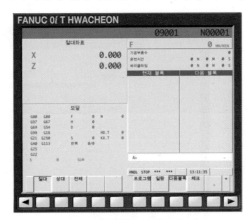

| 다음블록 화면 |

3) 일람 화면

① 키패드의 기능키 중 'PROG' 버튼 을 클릭한다.

② 소프트키 중 '일람'을 클릭한다.

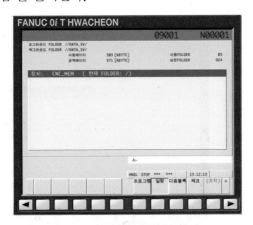

| 일람 화면 |

3. Offset Setting에 속한 화면

1) 보정 설정 화면

① 키패드의 기능키 중 'OFS SET' 버튼 을 클릭한다.

② 소프트키 중 '보정'을 클릭한다.

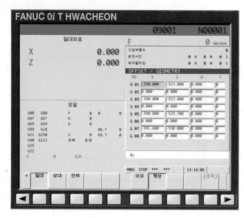

| 보정 설정 화면 |

2) 설정 화면

① 키패드의 기능키 중 'OFS SET' 버튼 을 클릭한다.

② 소프트키 중 '설정'을 클릭한다.

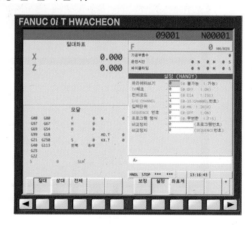

| 설정 화면 |

3) 워크좌표계 설정 화면

① 키패드의 기능키 중 'OFS SET' 버튼 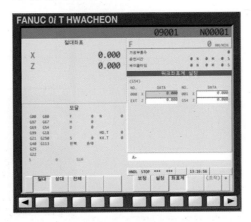을 클릭한다.

④ 소프트키 중 '좌표계'를 클릭한다.

| 워크좌표계 설정 화면 |

4. 공작물 좌표계 입력

① 기계 조작반의 MODE SELECT에서 'MDI' 모드를 선택한다.

| MDI 버튼 클릭 |

② 키패드에서 'M03' 키를 누르고 'INSERT' 버튼 을 누른 후 'S1000'을 입력하고 'INSERT' 버튼을 누른다.

③ 'CYCLE START' 버튼을 누르면 주축이 회전한다.

④ 마우스 휠을 이용하여 컨트롤러 화면 크기를 조절한다.

⑤ MODE SELECT에서 'HANDLE'을 선택한 후 HANDLE AXIS에서 'X', 'Z'를 선택하여 핸들을 조작하여 공구가 X축에 터치되도록 한다.

| 공작물 X축 터치 |

⑥ 그림과 같이 터치된 상태에서 'POS' 버튼을 누르고 다시 상대좌표를 선택한다. 'X'를 타자하고(화면의 X가 깜빡거린다), '오리진'을 누르면 X축의 상대좌표가 아래와 같이 0이 된다.

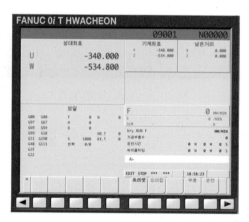

| X 상태좌표 오리진 |

⑦ X축 기계좌표를 CRT에서 확인하고 메모한 다음에 공작물 원점 X축 기계좌푯값을 구한다.($-170.0-50.0=$X-220.0)

⑧ 핸들 모드에서 핸들을 조작하여 공구가 Z축에 터치되도록 한다.

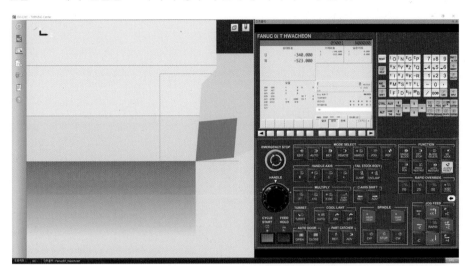

| 공작물 Z축 터치 |

⑨ 그림과 같이 터치된 상태에서 'POS' 버튼을 누르고 다시 상대좌표를 선택한다. 'Z'를 타자하고(화면의 Z가 깜빡거린다), '오리진'을 누르면 Z축의 상대좌표가 0이 된다.

⑩ Z축 기계좌표를 CRT에서 확인하고 메모한 다음에 공작물 원점 Z축 기계좌푯값을 구한다.(Z−523.0)

⑪ 'OFS SET' 버튼을 누르고 01번에 X '−220.0', Z '−523.0'을 입력한다. 이때 아래 그림처럼 나오지 않으면 소프트키의 화살표(◀, ▶)를 클릭하여 '보정'을 클릭한다.

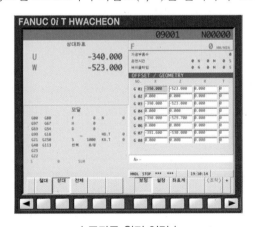

| 공작물 원점 입력 |

⑫ 동일한 방법으로 다른 공구도 원점을 설정한다.

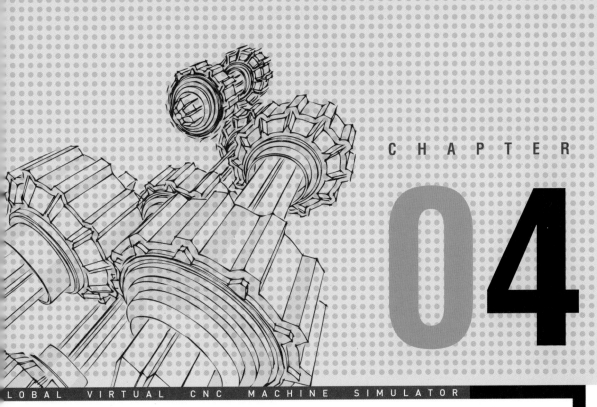

LOBAL VIRTUAL CNC MACHINE SIMULATOR

머시닝센터(Machining Center) 운전 및 조작

1 기계 명칭 및 기능

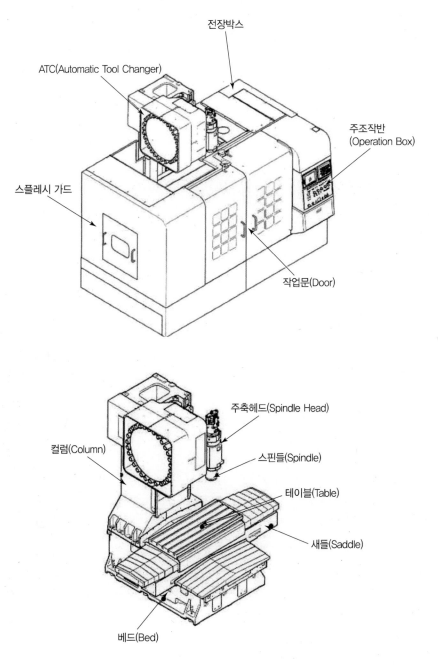

| Machining Center 기계 명칭 |

☑ NC장치 사양

컨트롤러 UI는 Flash를 기반으로 사용자 Interface를 최대한 반영하여 개발되었으며 실제 기계에서 작업하는 방법과 동일하게 사용할 수 있도록 구현되어 있다.

① CRT, 키패드, 조작판으로 구성된 컨트롤러는 각 화면 크기를 윈도우 환경에 맞게 크기를 조절하거나 위치를 변경할 수 있다.

② 실제 컨트롤러 조작 방법과 동일하게 작업할 수 있는 CRT를 제공하며 컨트롤러 조작에 따라 가상기계가 동작한다.

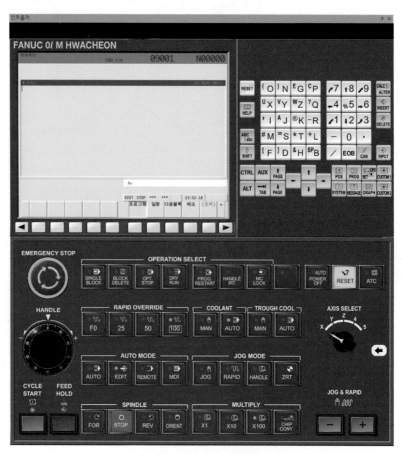

| FANUC 0i M HWACHEON 컨트롤러 |

각 컨트롤러의 조작판은 같은 컨트롤러를 사용해도 공작기계의 메이커에 따라서 스위치 모양과 종류, 조작 방법 등은 다르다. 그러나 한 가지의 모델만 잘 익혀 두면 다른 메이커 기계를 접해도 큰 어려움 없이 조작이 가능하다.

GV-CNC에서의 컨트롤러 조작은 버튼과 토글키는 마우스를 클릭하여 사용하고 나머지 조작 스위치는 마우스를 누른 상태에서 표시된 방향으로 마우스를 움직여 조작한다.

1. CRT

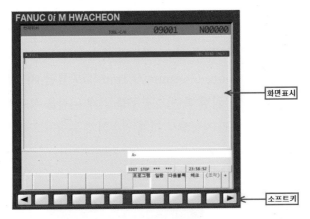

| CRT 화면 설명 |

Soft Key : 용도에 따라 여러 가지 기능이 주어지고 기능에 따라 화면의 제일 아래에 표시된다.

2. 조작판 기능

① 모드

어떤 종류의 작업을 할 것인지 결정한다. 마우스로 해당 모드를 클릭하여 작업을 선택한다.

| 모드 버튼 |

㉠ AUTO(자동운전) : 메모리에 등록된 프로그램을 자동 운전한다.

㉡ EDIT(편집) : 프로그램의 신규 작성 및 메모리에 등록된 프로그램과 공구 옵셋 등을 수정할 수 있다.

㉢ REMOTE : 기계에 따라 'DNC 운전'으로 표기되며, 리더/펀쳐 인터페이스를 통해 프로그램을 읽으며 가공할 수 있다.

㉣ MDI(Manual Data Input, 반자동) : 프로그램을 작성하지 않고 기계를 동작시킬 수 있다.

㉤ JOG(수동) : 공구이송을 연속적으로 외부 이송속도 조절 스위치의 속도로 이송시킨다. 엔드밀(End Mill)의 직선절삭, 페이스밀(Face Mill)의 직선절삭 등 간단한 수동작업을 한다. 'JOG FEED'의 'RAPID'를 누르고 이송하면 공구를 급속으로 이동시킨다.

㉥ HANDLE : MPG(Manual Pulse Generator)라고도 표시하며 조작판의 핸들을 이용하여 축을 이동시킬 수 있다. 핸들의 한 눈금(1Pulse)당 이동량은 파라미터의 설정에 따라 0.001mm, 0.01mm, 0.1mm의 종류를 지원한다.

㉦ ZRT(Zero Return, 원점 복귀) : 공구를 기계 원점을 복귀시킨다. 조작판의 원점 방향 축 버튼을 누르면 자동으로 기계 원점까지 복귀하고 원점 복귀 완료 램프가 점등한다.

② JOG 모드

| JOG 버튼 |

JOG 모드에서 버튼을 눌러 축을 이동시키거나 M.P.G 모드에서 작동할 축을 선택한다. JOG 모드에 축을 이동할 때 버튼을 누르면 버튼이 하이라이트 되며 다시 버튼을 누를 때까지 축이 이동한다. 이송속도가 너무 빠를 경우 '환경설정'에서 시뮬레이션 속도를 40% 이하로 낮추어서 사용한다.

③ EMERGENCY STOP(비상정지)

| 비상정지 버튼 |

돌발적인 충돌이나 위급한 상황에서 작동시킨다. 누르면 비상정지하고 메인 전원을 차단한 효과를 나타낸다. 해제 방법은 비상정지 버튼을 누른 상태에서 화살표 방향으로 돌리면 버튼이 튀어나오면서 해제된다.

④ FEED OVERRIDE(이송속도 오버라이드)

'FEED OVERRIDE'를 활성화시키기 위해서는 컨트롤러 화면에 있는 ◀을 클릭한다.

| 이송속도 오버라이드 |

자동, 반자동 모드에서 지령된 이송속도를 외부에서 변환시키는 기능이다. 보통 0~200%까지이고 10% 간격을 가진다.

⑤ SPINDLE OVERRIDE(스핀들 오버라이드)

'SPINDLE OVERRIDE'를 활성화시키기 위해서는 컨트롤러 화면에 있는 ◀을 클릭한다.

| 스핀들 오버라이드 |

모드에 관계없이 주축속도(RPM)를 외부에서 변환시키는 기능이다. 화살표 커서를 눌러 속도를 50~120%까지 조절할 수 있다.

⑥ HANDLE(MPG : Manual Pulse Generator)

| 핸들 |

축(Axis)의 이동을 HANDLE 모드에서 펄스단위로 이동시킨다. 'JOG MODE'에서 'HANDLE' 버튼을 선택한 후 마우스로 핸들(MPG)을 누른 상태에서 반시계 방향으로 미우스를 움직이면 (−) 방향으로 공작물이 이동하고, 시계 방향으로 마우스를 움직이면 (+) 방향으로 공작물이 움직인다.

⑦ MULTIPLY

| MULTIPLY 버튼 |

핸들(MPG)의 한 눈금당 이동단위를 선택한다.

※ 0.1 Pulse에서 핸들은 천천히 돌려야 한다. 핸들 이동에는 자동 가감속 기능이 없기 때문에 축의 이동에 충격을 주면 볼스크류와 볼스크류지베어링의 파손 원인이 된다.

⑧ AXIS SELECT

| AXIS SELECT 버튼 |

클릭하여 이송축을 선택한다.

⑨ SPINDLE

| 스핀들 버튼 |

- 수동조작(M.P.G, JOG, RAPID, ZRN 모드)에서 마지막 지령된 조건으로 스핀들을 회전한다.
- STOP(정지) : 모드와 관계없이 회전 중인 스핀들을 정지시킨다.

⑩ 기능선택

| 기능 버튼 |

㉠ SINGLE BLOCK(싱글 블록) : 자동개시의 작동으로 프로그램이 연속적으로 실행되지만, 싱글 블록 기능이 ON 되면 한 블록씩 실행한다. 다시 자동개시를 실행시키면 한 블록 실행하고 정지하는 것을 반복한다.

㉡ BLOCK DELETE : 선택적으로 프로그램에 지령된 '/'(슬래시)에서 ';'(EOB)까지 건너뛰게 할 수 있다.

㉢ OPT. STOP(Optional Stop : M01) : 프로그램에 지령된 M01을 선택적으로 실행되게 한다. 조작판의 M01 스위치가 ON일 때는 프로그램 M01의 실행으로 프로그램이 정지하고 OFF일 때는 M01을 실행해도 기능이 없는 것으로 간주하고 다음 블록을 실행한다.

㉣ DRY RUN(드라이 런) : 프로그램의 이송속도와 상관없이 내장된 속도로 이동하는 기능이다.

㉤ PROG. RESTART(Program Restart, 프로그램 재시작) : 전원 단전이나 비상정지 등 비정상적으로 운전이 정지된 경우, 프로그램을 재시작한다.

㉥ MC LOCK(Machine Lock, 머신 록) : 전 축 이동을 하지 않게 하는 기능이다.

⑪ 자동개시 및 정지

| 자동개시 및 정지 버튼 |

㉠ CYCLE START(자동개시) : 자동, 반자동 모드에서 프로그램을 실행한다.

㉡ FEED HOLD : 자동개시의 실행으로 진행 중인 프로그램을 정지시킨다. 이송정지 상태에서는 주축 정지, 절삭유 등은 이송정지 직전의 상태로 유지한다.

3. 키패드 기능

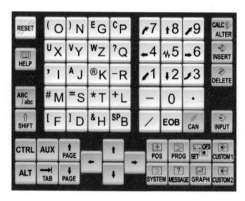

| 키패드 버튼 |

① RESET : Alarm 해제 등을 위해서 CNC를 Reset할 때 사용한다.

② HELP : 조작이 미숙하여 발생하는 Alarm 내용을 상세하게 표시할 때 사용한다.

③ ABC/abc : 알파벳 대소문자를 입력할 수 있다.

④ Address/수치 Key : 영문, 숫자 등의 문자를 입력하기 위해 사용한다.

⑤ SHIFT : 하나의 Key에 2개의 문자가 인쇄된 Address Key가 있는데 'SHIFT'를 누르면 문자를 바꿔 입력할 수 있다.

⑥ INPUT : Address 또는 수치 Key를 사용하여 입력한 Data Buffer에 입력되고 화면 상단에 표시된다.

⑦ CAN(Cancel) : Key 입력창에 입력된 문자 및 기호를 삭제하고 싶은 경우에 사용하며, 가장 마지막에 입력된 문자 및 기호부터 역순으로 삭제한다.

⑧ 편집키

　　㉠ CALC ALTER : 화면표시에서 변경할 부분을 마우스로 드래그하여 블록 설정 후 입력창에 변경할 내용을 입력하고 'CALC ALTER'를 클릭하면 내용이 변경된다.

　　㉡ INSERT : 화면표시에서 삽입할 부분을 마우스로 클릭 후 입력창에 삽입할 내용을 입력 후 'INSERT'를 클릭하면 내용이 추가된다.

　　㉢ DELETE : 화면표시에서 삭제할 부분을 마우스로 드래그하여 블록 설정 후 'DELETE'를 클릭하면 블록 설정된 부분이 삭제된다.

⑨ 기능키 및 소프트키

　　기능키는 표시되는 화면의 종류를 선택하기 위해 사용한다. 기능키에 이어서 소프트키를 누름으로써 각 기능에 속하는 화면을 선택할 수 있다.

| 기능키 |

| 소프트키 |

MDI 판넬 기능키를 누르면, 그 기능에 해당하는 페이지 선택용 소프트키가 표시된다. 페이지 선택용 소프트키 하나를 누르면, 해당 페이지의 화면이 표시된다. 표시하고 싶은 페이지의 소프트키가 표시되지 않은 경우는 연속 Menu Key를 누른다. 표시하고 싶은 페이지 화면이 표시되면 조작 선택키를 누르고 조작하고 싶은 내용을 표시한다. 페이지 선택용 소프트키 표시로 돌아가고 싶은 경우는 복귀 Menu Key를 누른다.

㉠ POS : 위치 표시 화면

㉡ PROG : 프로그램 화면

㉢ OFS SET : 오프셋 세팅화면

㉣ SYSTEM : 시스템 파라미터 및 시스템정보 화면

㉤ MESSAGE : 알람 및 메시지 화면

㉥ GRAPH : 그래픽 화면

Address Key와 수치 Key를 누르면, Key에 대응하는 문자는 일단 Key 입력 Buffer로 들어간다. Key가 입력 Buffer의 내용은 화면의 아랫부분에 표시된다. Key가 입력된 Data임을 나타내기 위해서, 선두에 '〉'가 표시된다. Key가 입력된 Data의 마지막에는 '＿'가 표시되고, 다음 문자의 입력 위치를 가리킨다. 입력한 문자를 삭제하려면 ⌫ 을 누른다.

⑩ 커서 이동키 : 화면상에 표시된 항목을 이동할 때 사용한다.

⑪ PAGE(페이지 전환키) : 페이지를 순방향이나 역방향으로 전환할 때 사용한다.

❸ 수동운전

1. 수동 원점 복귀

기계 조작반에서 Reference 점 복귀 스위치는 축마다 파라미터에 정해져 있는 방향으로 기계 가동부를 이동시켜서 기계를 Reference 점으로 복귀시킨다. Reference 점으로 복귀하면 Reference 점 복귀 완료 램프가 점등된다.

① JOG MODE에서 'ZRT' 버튼 을 클릭한다.

② 'CYCLE START'를 클릭한다. (원점 복귀)

| CYCLE START |

③ 절대좌표와 기계좌표의 좌표가 0이 된다.

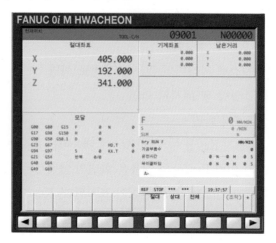

| 원점 복귀 |

2. JOG 이송

JOG MODE에서 JOG를 선택한 후 기계 조작반의 이송축 방향 선택 스위치를 누르면 선택한 축을 선택한 방향으로 연속 이동시킬 수 있다. 실제 기계에서는 버튼을 누르고 있는 동안 축이 움직인다.

GV-CNC에서는 버튼을 누르면 축이 이동하고 다시 버튼을 클릭하면 축이 정지하고 축이 움직이는 속도는 환경설정의 시뮬레이션 속도에 따라 달라진다.

① JOG MODE 버튼 중에서 'JOG' 버튼 을 선택한다.

② 이송축을 선택한다.

③ X축 방향으로 이송시키려면 AXIS SELECT에서 X축으로 선택하고, RAPID 버튼을 눌러준다.

④ 절대좌표가 X-150이 되도록 '-' 버튼을 클릭한다.

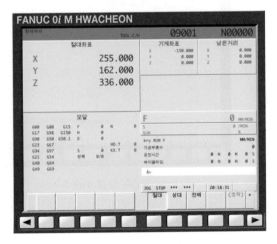

| X축 조그 이송 |

3. 수동 핸들 이송

HANDLE 모드에서 기계 조작반의 수동 펄스 발생기를 회전시켜서 이송할 수 있다. 이동할 축은 HANDLE 축 선택 스위치로 선택한다.

① JOG MODE 버튼 중에서 'HANDLE' 버튼  을 선택한다.

② 화면상에 펄스 발생기가 표시된다.

| MPG |

③ AXIS SELECT에서 Z축을 클릭한다.

④ MULTIPLY에서 X100을 클릭한다.

⑤ HANDLE을 클릭한 상태로 반시계 방향(−방향)으로 회전시켜 Z−100.까지 이동해 본다.

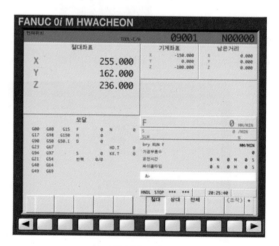

| Z축 핸들 이송 |

4 자동운전

1. AUTO 운전

현재 CRT 화면에 표시된 프로그램을 운전할 때 사용하는 모드이다. 자동운전 중에 'FEED HOLD' 버튼을 누르거나 'RESET' 버튼을 누르면 자동운전이 정지된다.

① 주 메뉴 'NC 열기'를 클릭한다.

| 열기 실행 |

② NC파일을 연다.

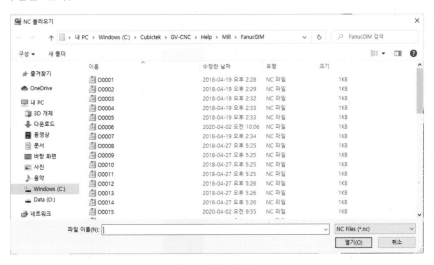

| NC파일 열기 |

③ 컨트롤러의 CRT 화면에 NC 프로그램이 나타난다.

| NC 프로그램 입력 |

④ 기계 조작반의 AUTO MODE에서 'AUTO' 버튼 을 클릭한다.

⑤ 기계 조작반의 'CYCLE START'를 클릭하면 자동운전이 시작되고 START 버튼이 점 등한다.

| CYCLE START |

⑥ 'FEED HOLD'를 클릭하면 점등과 동시에 운전이 정지되며 다시 'CYCLE START'를 클릭하면 자동운전이 시작된다.

| FEED HOLD |

⑦ 키패드의 'RESET' 버튼 을 클릭하면 자동운전이 종료된다.

참고

AUTO 운전의 정지와 종료

지령	코드	내용
Program Stop	M00	M00이 지령된 블록을 실행한 후 운전을 정지한다.
Optional Stop	M01	기계 조작반에 Optional Stop이 ON으로 되어 있는 경우 M01이 지령된 블록을 실행한 후 운전을 정지한다.
Program End	M02 M30	M02, M30을 읽으면 운전을 종료하여 Reset 상태가 된다.
Feed Hold		운전 중 기계 조작반의 Feed Hold를 클릭하면 운전을 일시 정지시킬 수 있다.
Reset		자동운전을 종료시켜 Reset 상태로 만든다. 이동 중에 Reset이 실행되면 감속 후 정지한다.
Optional Block Skip		기계 조작반의 Optional Block Skip을 ON하면 슬래시(/)를 포함하는 블록은 무시된다.

2. MDI 운전

1) 반자동 모드

주로 간단한 TEST 운전 시 사용하는 모드로서 프로그램과 같은 형식으로 사용한다.

① AUTO MODE에서 'MDI' 버튼 을 클릭한다.

② MDI 모드가 CRT 화면에 나타난다.

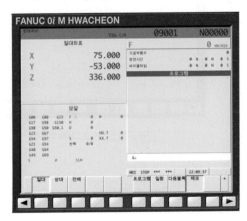

| MDI 모드 화면 |

③ MDI 모드 화면 오른쪽 키패드에서 'M06 T02'를 입력하고 'INSERT' 버튼 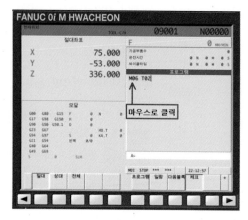 을 누른다. 아래 그림처럼 화살표 부분을 마우스로 클릭 후 키보드를 이용하여 입력할 수 있다.

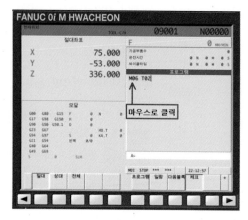

| MDI 프로그램 입력 |

④ 'CYCLE START' 버튼을 누른다.
⑤ 시뮬레이션 화면에서 공구가 교체된다.
⑥ 키패드에서 'M03 S1000'을 입력하고 'INSERT' 버튼을 누른다.

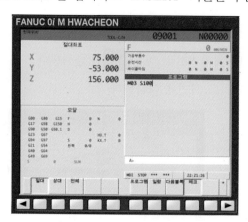

| 공구회전 프로그램 입력 |

⑦ 'CYCLE START' 버튼을 누른다.
⑧ 시뮬레이션 화면에서 공구가 회전한다.

2) 프로그램의 소거

MDI에서 작성된 프로그램은 다음과 같은 경우에 소거된다.

- MDI 운전에서 M02, M30 또는 %를 실행하는 경우
- AUTO 모드에서 자동운전을 실행하는 경우
- EDIT 모드에서 편집 조작을 실행하는 경우
- Background 편집을 실행하는 경우

3. SINGLE BLOCK

'SINGLE BLOCK' 버튼을 클릭하여 실행하면, 'CYCLE START' 버튼을 누를 때마다 프로그램의 한 블록을 실행한 후 기계는 정지한다. 블록을 하나하나 실행함으로써 프로그램을 확인하며 운전할 수 있다.

① 화면 좌측의 '메인 메뉴→NC파일→NC 열기'를 클릭 후 Windows(C)→Cubictek →GV−CNC→Help→Mill(밀링인 경우)→Fanuc0iM' 폴더에서 필요한 파일을 불러온다.

② 기계 조작반의 AUTO MODE에서 'AUTO'를 선택한 후, OPERATION SELECT에서 'SINGLE BLOCK' 버튼 을 클릭한다.

③ 'CYCLE START' 버튼을 클릭한다.

④ 프로그램의 한 블록이 실행된다.

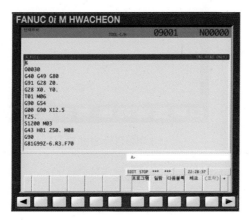

| 프로그램 실행 |

⑤ 다시 'CYCLE START' 버튼을 클릭하면 다음 블록이 실행된다.

⑥ 기계 조작반의 'SINGLE BLOCK' 버튼을 클릭하면 버튼의 불이 꺼지면서 SINGLE BLOCK이 해지된다.

⑦ 'CYCLE START' 버튼을 클릭하면 자동으로 프로그램이 끝까지 실행된다.

⑤ 안전에 대한 조작

1. 비상정지

안전을 위해서 기계의 이동을 잠시 멈추고 싶을 때는 비상정지 버튼을 클릭한다. 공구가 스트로크 범위를 넘어 지나치지 않도록 하기 위한 기능으로 OverTravel, Stroke Check가 있다.

① 'EMERGENCY STOP' 버튼을 클릭하면 LOCK이 걸린다.

| 비상정지 버튼 |

② 비상정지에 의해 모터 전원이 차단된다.
③ CRT 화면에 알람 메시지가 나타난다.

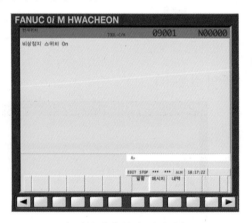

| 비상정지 알람 메시지 |

④ 비상정지 버튼을 마우스 왼쪽 버튼으로 누른 채 화살표 방향으로 돌려 비상정지 버튼을 해제한다.

⑤ 키패드에서 'RESET' 버튼 ⬛을 클릭하면 알람 메시지가 사라진다.

2. OverTravel

공구가 리미트 스위치에 의해 스트로크 범위를 넘어 이동하고자 할 경우 리미트 스위치가 작동하고 공구는 감속 정지하면서, OverTravel 알람이 표시된다. OverTravel을 해제하기 위해서는 수동으로 공구를 안전한 방향으로 이동시킨 후 'RESET' 버튼을 클릭하여 알람을 해제한다.

① OverTravel 알람이 발생하면 CRT에 알람 메시지가 나타난다.

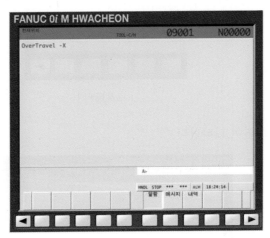

| OverTravel 알람 메시지 |

② JOG MODE에서 'HANDLE' 버튼을 선택한다.

③ OverTravel 알람 메시지에서는 X축이 이동 범위를 벗어났으므로 AXIS SELECT에서 'X'를 선택한다.

④ MULTIPLY에서 'X100'을 클릭한다.

⑤ 이동을 위해 키패드의 'RESET' 버튼 RESET 을 클릭한다.

⑥ 알람 메시지에 트래블이 표시되었던 방향의 반대 방향 부호대로 HANDLE을 조작한다. 수동이송 HANDLE 위에 마우스를 올려놓고 (−) 방향(왼쪽)을 클릭하면 (−) 방향으로 이동하고, (+) 방향(오른쪽)을 클릭하면 (+) 방향으로 이동한다. '클릭한 횟수 × 이송량'만큼 이동되며 HANDLE을 마우스로 클릭 후 움직여도 이동한다.

6 DATA의 표시와 설정

1. POS에 속한 화면

1) 절대 좌표계에서의 위치표시 화면

① 키패드의 기능키 중 'POS' 버튼  을 클릭한다.

② 소프트키 중 '절대'를 클릭한다.

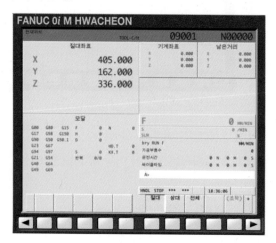

| 소프트키 |

③ 절대좌표 화면이 나타난다.

| 절대좌표 화면 |

2) 상대 좌표계에서의 위치표시 화면

① 키패드의 기능키 중 'POS' 버튼  을 클릭한다.

② 소프트키 중 '상대'를 클릭한다.

| 소프트키 |

③ 상대좌표 화면이 나타난다.

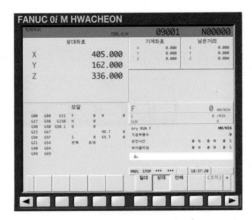

| 상대좌표 화면 |

3) 지정한 축의 위치설정

① 상대좌표 화면에서 키패드의 'X'를 클릭하면, 상대좌표의 X축의 표시가 깜빡거린다.

| 키패드 'X' 클릭 |

② 소프트키의 '오리진'을 클릭하면 X의 값이 0으로 Reset된다.

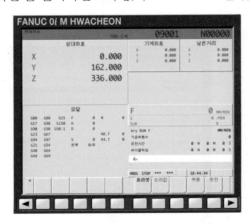

| X 상대좌표 오리진 설정 |

4) 전체 위치표시 화면

① 키패드의 기능키 중 'POS' 버튼  을 클릭한다.

② 소프트키 중 '전체'를 클릭한다.

| 소프트키 |

③ 전체 화면이 나타난다.

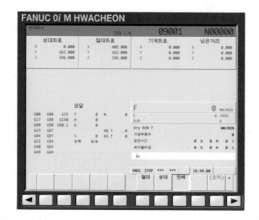

| 전체 화면 |

2. PROG에 속한 화면

1) 프로그램 화면

① 키패드의 기능키 중 'PROG' 버튼 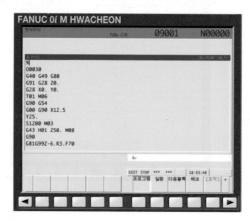 을 클릭한다.

② 소프트키 중 '프로그램'을 클릭한다. 아래 그림은 예제 프로그램을 불러온 것이다.

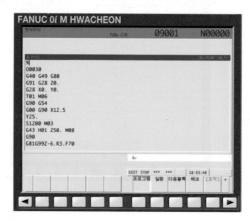

| 프로그램 화면 |

2) 다음블록 화면

① 키패드의 기능키 중 'PROG' 버튼 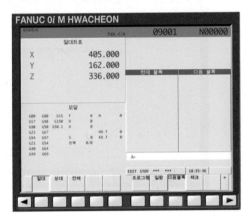을 클릭한다.

② 소프트키 중 '다음블록'을 클릭한다.

현재 실행 중인 블록과 다음에 실행되는 블록이 표시되며, 각각 최대 11개까지 표시된다.

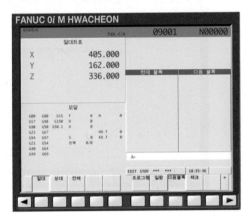

| 다음블록 화면 |

3. Offset Setting에 속한 화면

1) 보정 설정 화면

① 키패드의 기능키 중 'OFS SET' 버튼 을 클릭한다.

② 소프트키 중 '보정'을 클릭한다.

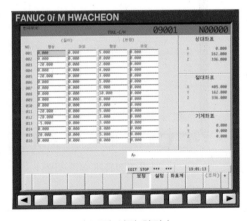

| 보정 설정 화면 |

2) 설정 화면

① 키패드의 기능키 중 'OFS SET' 버튼 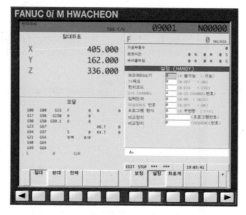을 클릭한다.

② 소프트키 중 '설정'을 클릭한다.

| 설정 화면 |

3) 워크좌표계 설정 화면

① 키패드의 기능키 중 'OFS SET' 버튼 을 클릭한다.

② 소프트키 중 '좌표계'를 클릭한다.

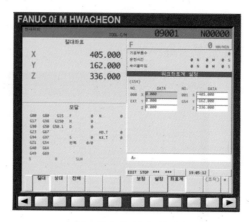

| 워크좌표계 설정 화면 |

4) 공구 지름보정 입력

① AUTO MODE에서 'EDIT' 버튼을 선택하고 키패드에서 'OFS SET' 을 누른다.

| EDIT 버튼 클릭 |

② CRT 화면에서 소프트키 중에서 '보정'을 클릭한다.

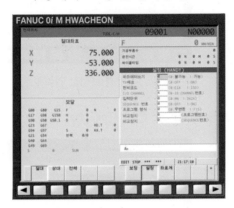

| 소프트키 중에서 '보정' 클릭 |

③ 아래 그림에서 상자 부분을 마우스로 클릭하여 커서가 표시됨을 확인한다.

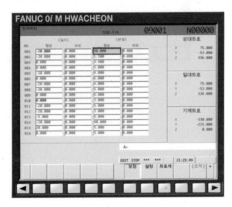

| CRT 화면에서 변경할 부분 선택 |

④ 현재의 값이 40.000이므로 키패드에서 '−30.'을 클릭하고 소프트키에서 '+입력' 을 클릭한다. 키패드를 잘못 눌렀을 때는 'CAN' 버튼 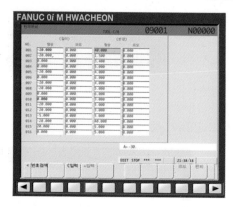을 누른다.

| 반경 보정값 입력 |

⑤ 값을 입력한 후에는 반드시 CRT상에 값이 올바르게 입력되었는지 확인한다.

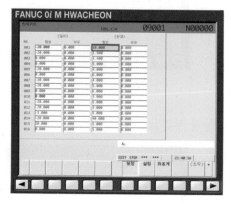

| 공구 지름보정 후 확인 |

5) 공구 길이보정 입력

① 아래 그림처럼 JOG MODE에서 'HANDLE'을 선택하고 AXIS SELECT에서 각각 'X, Y, Z'를 선택하여 'HANDLE' 다이얼을 회전시켜 공작물에 공구를 Z축 방향으로 터치한다. 이때 뷰 방향을 변경하면서 공구를 공작물에 접근시키고 공구가 공작물에 가까워지면 화면을 확대하여 공구를 공작물에 터치시킨다.

| 기준공구 터치 |

② 키패드의 기능키 중 'POS' 버튼 을 클릭한다.

③ 소프트키 중 '상대'를 클릭한다.

| 소프트키 |

④ 지정한 축의 길이보정을 위해 상대좌표 화면에서 키패드의 'Z'를 클릭하면, 상대좌표에서 입력한 Z축의 표시가 깜빡거린다.

| 키패드 'Z' 클릭 |

⑤ 소프트키 중 '오리진'을 클릭한다.

| 소프트키 |

⑥ Z의 값이 0으로 Reset된다.

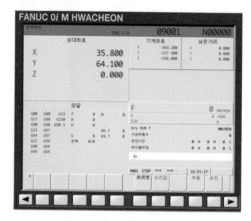

| 상대좌표 오리진 |

6) 공구교체

① 공구가 공작물 위에 있는지 확인한다. 만약 공구가 공작물 아래에 있으면 아래 그림 처럼 'AXIS SELECT'에서 'Z'를 선택하고 'JOG MODE'에서 'HANDLE'을 선택한 후 핸들을 +Z방향으로 돌려 공구를 위로 올린다.

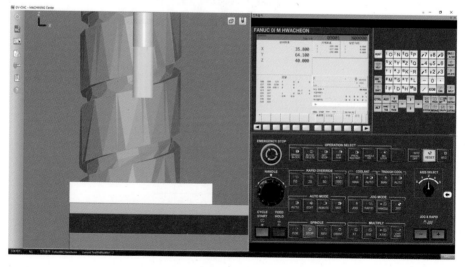

| 공구 이송 |

② AUTO MODE에서 'MDI'를 선택한다.

| MDI 모드 선택 |

③ 키패드에서 'T01 M06'을 입력하고 'INSERT' 버튼 을 누른다. 여기서 T01은
공구 설정의 공구 리스트에 있는 페이스밀 공구이다.

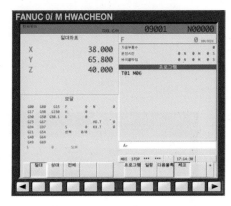

| 공구교환 프로그램 입력 |

④ 'CYCLE START' 버튼을 누르면 설정된 페이스밀 공구로 교환된다.

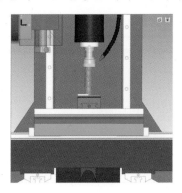

| 공구 교체 |

⑤ ①번과 같이 핸들을 조작하여 공작물에 Z 방향으로 터치시킨다.

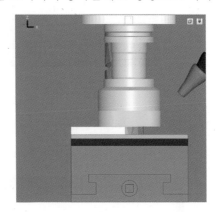

| 공구 터치 |

⑥ 상대좌표는 Z-20이 된다.

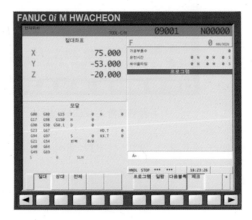

| 상대좌표 확인 |

⑦ 키패드에서 'OFS SET' 버튼 을 누르고 CRT 화면의 소프트키 중에서 '보정'을
클릭한다.

⑧ 1번 형상(길이) 값이 '−20'인지 확인한다. 이때 길이값이 다르면 키패드에서 필요한 값을 입력 후 '소프트키' 중에서 '+입력'을 클릭한다.

　⑩ 1번 공구의 길이값이 '−10.000'일 경우 : 현재 필요한 값이 '−20'이므로 키패드에서 '−10.'을 입력한 후 '+입력'을 클릭해야 한다.

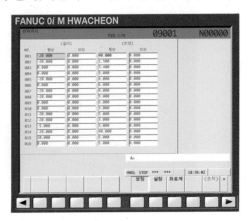

| 공구 길이 보정값 입력 |

7) 공작물 좌표계 입력

① 'MDI' 모드를 선택한다.

| MDI 모드 선택 |

② 키패드에서 'M03' 키를 누르고 'INSERT' 버튼 을 누른 후에 'S1000'을 입력하고 'INSERT' 버튼을 누른다.

③ 'CYCLE START' 버튼을 누르면 주축이 회전한다.

④ 컨트롤러 화면 크기와 뷰 방향(정면, 우측면)을 조절하면서, HANDLE 모드에서 핸들을 조작하여 공구가 X축에 터치되도록 한다.

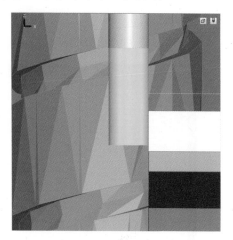

| 공작물 X축 터치 |

⑤ 그림과 같이 터치된 상태에서 'POS' 버튼을 누르고 다시 상대좌표를 선택한다. X를 타자하고(화면의 X가 깜빡거린다), 오리진 버튼을 누르면 X축의 상대좌표가 아래와 같이 0이 된다.

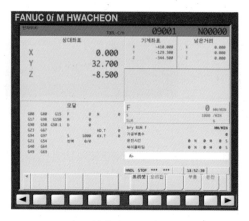

| X 상대좌표 오리진 |

⑥ 마찬가지 방법으로 공구를 Y축에 터치시키고 상대좌푯값을 0으로 세팅한다.

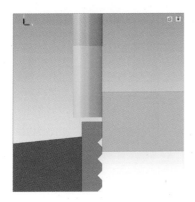

| 공작물 Y축 터치 |

| Y 상대좌표 오리진 |

⑦ Z축을 (+) 방향으로 들어 올린 후 X, Y 상대좌표가 0인 위치로 공구를 이동시킨 후 스핀들 중심이 공작물 위치와 일치하도록 공구 반경만큼 이동시킨다. (현재 공구가 직경이 10이므로 X5, Y5로 이동시킨다.)

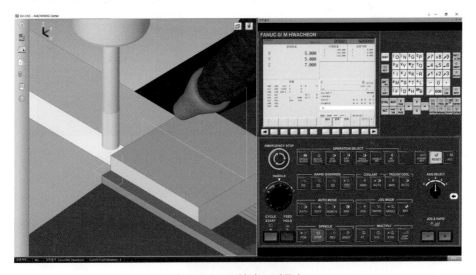

| X10, Y10 위치로 이동 |

⑧ 키패드에서 'POS' 버튼을 눌러 소프트 키에서 '전체' 클릭하고 CRT 화면에서 기계 좌표의 X, Y 좌푯값을 기록한다.(X-405.000, Y-162.000)

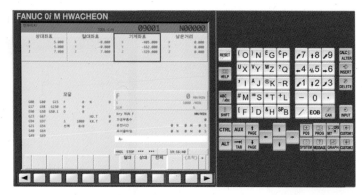

| 기계좌표의 X, Y 좌푯값 확인 |

⑨ 핸들을 조작하여 공구가 Z축에 터치되도록 한 후 'POS' 버튼을 눌러 소프트키에서 '전체' 클릭하고 CRT 화면에서 기계좌표의 Z 좌푯값을 기록한다.(Z-336.000)

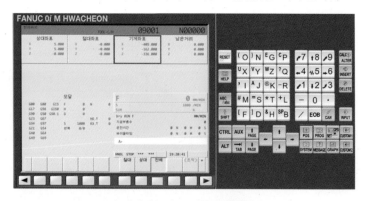

| 기계좌표의 Z 좌푯값 확인 |

⑩ 스핀들을 정지시키고 공구를 Z(+) 방향으로 올린다.

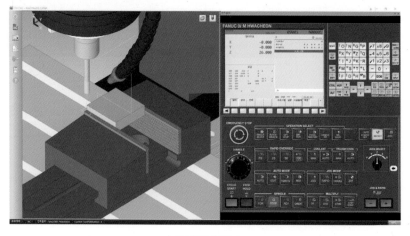

| Z 방향 이동 |

⑪ G54 좌표계에 공작물 가공원점 좌푯값 입력

생산 현장에 많이 사용하는 방법으로 공작물 좌표계 선택이 가능하다.

㉠ 'AUTO MODE'에서 'EDIT' 모드를 선택한다.

㉡ 키패드에서 'OFF SET' 버튼 클릭 후 CRT 화면의 소프트키에서 좌표계를 클릭하여 조금 전 기록한 값과 같은지 확인한다.

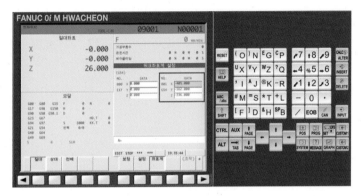

| G54 좌푯값 확인 |

㉢ 공작물 가공원점 좌푯값이 다를 경우

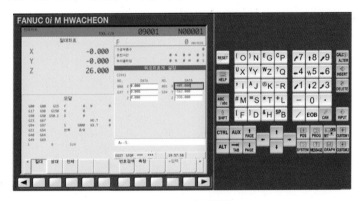

| G54 좌푯값 입력 |

ⓐ CRT 화면의 상자 부분(X 좌푯값)을 클릭한 후 키패드에서 필요한 값을 입력 후 '소프트키' 중에서 '+입력'을 클릭한다.

㉠ X 좌푯값이 '−400.000'일 경우 : 위의 ⑧번에서 측정한 값이 '−405.000'이므로 키패드에서 '−5.'을 누른 후 '+입력'을 클릭한다.

㉠ X 좌푯값이 '−410.000'일 경우 : 위의 ⑧번에서 측정한 값이 '−405.000'이므로 키패드에서 '5.'을 누른 후 '+입력'을 클릭한다.

ⓑ 같은 방법으로 Y, Z 좌푯값을 입력한다.

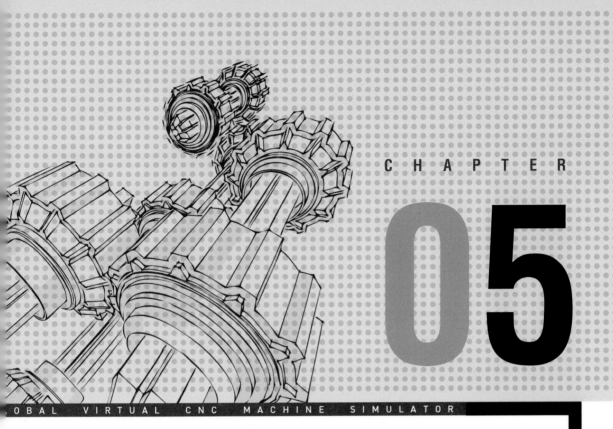

Veri – Turn 검증

❶ Veri-Turn 개요

가공한 공작물의 치수 검사뿐 아니라 정상 가공된 공작물 파일과의 비교를 통해 과미삭 검사 등의 검증을 수행하고, 채점자의 기준에 의해 채점할 수 있는 기능을 제공한다.

프로그램 실행 시 Y=0인 XZ단면에 대한 단면도가 도면으로 구성된다.

1. 치수 검사

① 수동측정 : 사용자가 원하는 지점을 선택하여 수평 거리, 수직 거리, 라운드, 모따기 등의 치수를 측정할 수 있고, 좌표 확인 및 사용자 치수 추가를 할 수 있다.

② 자동측정 : 점들을 선택하고 실행 버튼만 한 번 누르면 선택된 점들에 대해 자동으로 치수가 기입되는 편리한 기능이다. 치수선이 기입된 도면을 인쇄하거나 이미지로 출력할 수 있다.

2. 채점

과미삭 영역을 사용자가 지정한 설정에 의거하여 스펙트럼 형태로 확인할 수 있다. 그 뿐만 아니라 NC Data, 기준점, 중심 단면적, 부피, 기계/공작물/공구 설정 등을 설정한 기준에 의해 채점할 수 있다.

3. 환경설정

그래픽 속성, 채점 기준 등을 시스템에 저장해 두어, 프로그램을 종료한 후 새로 실행해도 동일한 환경에서 프로그램을 사용할 수 있다.

2 기본조작

1. 화면구성

Veri-Turn의 화면은 메뉴(①), 조작 패널(②), 도면/검증 화면(③), 상태표시줄(④)로 구성되어 있다.

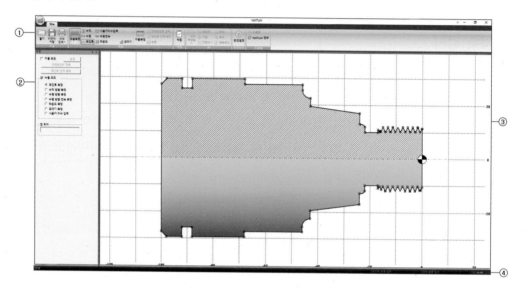

| Veri-Turn 전체 화면구성 |

2. 메뉴

파일, 측정, 채점, 뷰, 환경설정, 도움말 등의 그룹으로 구성되어 있다.

1) 파일

| Veri-Turn의 파일메뉴 |

① 열기

치수 측정 및 과미삭 검사 등을 수행할 가공공작물 STL파일을 연다.

| 가공공작물 STL파일 열기 대화상자 |

② 이미지 저장

현재 도면을 비트맵 이미지로 저장한다.

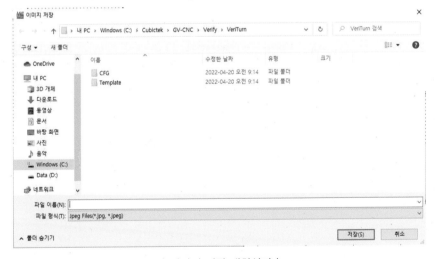

| 이미지 저장 대화상자 |

③ 서식 인쇄

프린터, 인쇄 범위, 인쇄 매수 등을 설정한 후 현재의 페이지를 인쇄한다.

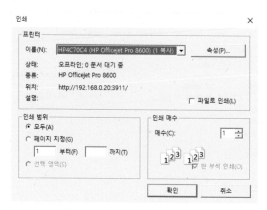

| 서식 인쇄 대화상자 |

㉠ 인쇄 설정 : 프린터기의 종류나 설정을 변경한다. 만약 프린터 종류가 지정되어 있
지 않다면 이 기능이 정상 작동되지 않으므로, 프린터기를 설정한 뒤 기능을 사용
한다.

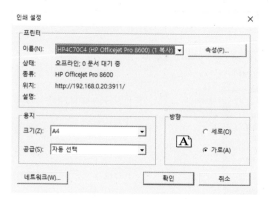

| 인쇄 설정 대화상자 |

ⓛ 인쇄 미리보기

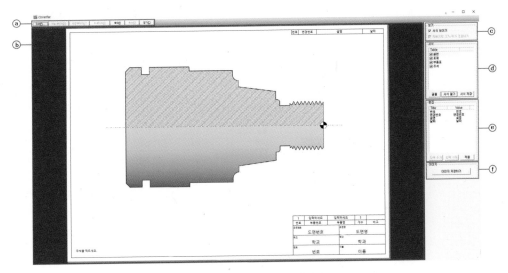

| 인쇄 미리보기 대화상자 |

ⓐ 버튼

- 인쇄(P) : 프린트 대화상자 화면으로 이동한다.
- 다음 페이지(N) : 다음 페이지를 화면에 보여준다. 현재 페이지 이후에 출력할 페이지가 있는 경우에만 활성화된다.
- 이전 페이지(V) : 이전 페이지를 화면에 보여준다. 현재 페이지 이전에 출력할 페이지가 있는 경우에만 활성화된다.
- 두 페이지(T) : 두 개의 페이지를 화면에 보여준다.
- 확대(I) : 출력될 화면을 확대해서 보여주며, 더 이상 확대되지 않으면 버튼은 비활성화된다.
- 축소(O) : 출력될 화면을 축소해서 보여주며, 더 이상 축소되지 않으면 버튼은 비활성화된다.
- 닫기(C) : 프린트 작업을 취소하고 미리보기 화면을 닫는다.

ⓑ 화면 : 인쇄할 화면을 보여준다.

ⓒ 보기

- 서식보이기 : 체크되어 있으면 서식 테이블을 화면에 보여준다.
- 자동으로 크기/위치 조절하기 : 화면 내용이 서식 테이블과 겹쳐서 출력되지 않도록 크기를 자동으로 조절한다.

ⓓ 서식 : 서식, 표제, 부품표, 주석을 인쇄화면에서 보거나 감출 수 있고, 각각의 테이블별로 글자체 등을 변경할 수 있다. 한번 설정해 놓은 값은 서식 저장을 통해서 저장할 수도 있다.

- 글꼴 : 현재 선택된 서식 항목의 글꼴을 변경한다. 그러나 서식 테이블의 크기 는 변경되지 않는다.

| 글꼴 설정 대화상자 |

- 서식 열기 : 사용자가 선택한 서식 파일(*.cpt)을 불러오는 기능으로 프로그 램 실행 후 최초로 서식 열기를 클릭하면 기본 서식 폴더(실행파일위치/ Template)로 자동으로 경로를 지정하고 이후부터는 최근에 열었던 폴더가 경로로 지정된다.

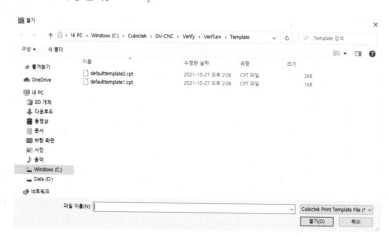

| 서식 열기 대화상자 |

• 서식 저장 : 현재 화면의 서식을 사용자가 입력한 이름의 파일로 저장한다. 자동으로 이전에 저장한 값을 재사용하고 싶을 때 서식 0번(한 페이지 형식)인 경우 defaulttemplate0.cpt로 저장하고, 서식 1번(여러 페이지 형식)인 경우 defaulttemplate1.cpt로 저장한다.

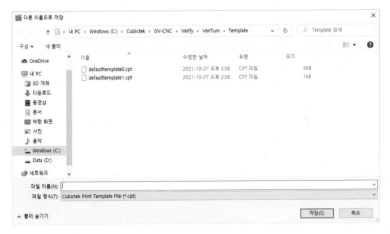

| 서식 저장 대화상자 |

ⓔ 편집

각각의 서식은 편집 박스를 이용하여 편집할 수 있다. 항목 추가/항목 삭제는 부품표를 편집할 때에만 활성화된다. '항목 추가'를 누르면 항목이 계속 추가되며, 추가한 항목을 삭제할 경우에는 마우스로 항목을 선택하고 '항목 삭제' 버튼을 누른다.

• 편집 방법

－편집할 테이블에서 서식을 선택한다.

－각 셀(글자)을 마우스로 더블 클릭한다.

－값을 입력하고 Enter↵ 키를 누르면 값이 적용된다.

－변경한 값을 화면에 적용시키려면 '적용' 버튼을 누른다.

ⓕ 이미지

현재 보이는 미리보기 화면을 *.jpg, *.bmp 파일로 저장할 수 있다.

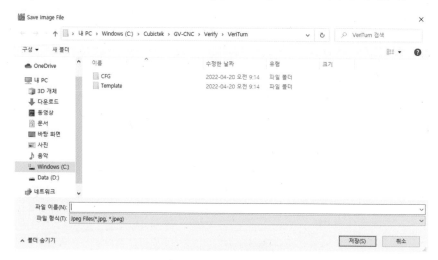

| 이미지 저장하기 대화상자 |

2) 측정

| 치수 측정 메뉴 |

① 수동측정

㉠ 수직 : 두 점을 선택하여 수직 방향 길이(직경)를 측정하는 기능이다.

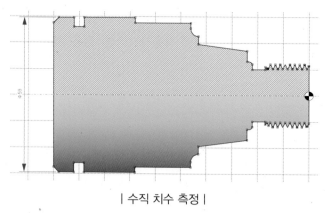

| 수직 치수 측정 |

- '측정' 메뉴에서 '수직' 아이콘을 클릭한다.
- 마우스로 측정 시작점을 클릭하면 점이 파란색으로 변경된다.
- 마우스로 측정 종료점을 클릭하면 두 점 간의 치수선이 도면에 표시된다.
- 치수선을 기입할 위치에 마우스를 클릭한다.
- 기입된 치수를 삭제하려면 마우스로 치수를 클릭한 후 키보드의 Del을 클릭한다.

ⓛ 수평 : 두 점을 선택하여 수평 방향 거리를 측정하는 기능이다.

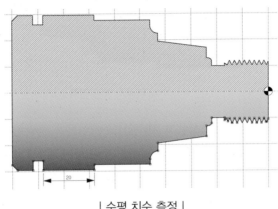

| 수평 치수 측정 |

- '측정' 메뉴에서 '수평' 아이콘을 클릭한다.
- 나머지는 수직 치수 기입법과 동일하다.

ⓒ 포인트 : 좌표를 확인하기 위한 기능이다. 마우스로 점을 선택하면 해당 점의 좌표가 좌측의 측정 패널의 '점 위치'에 표시된다.

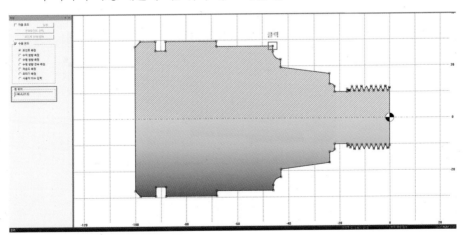

| 포인트 좌표 확인 |

ㄹ 사용자 치수입력 : 치수를 입력할 점을 선택하여 사용자가 직접 텍스트를 기입해 넣고 Enter↵ 키를 누르면 치수가 표시되는 기능이다.

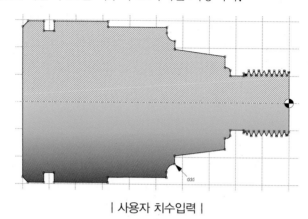

| 사용자 치수입력 |

• '측정' 메뉴에서 '사용자 치수입력' 아이콘을 클릭한다.
• 마우스로 측정 시작점을 클릭하면 점이 파란색으로 변경되고 값을 입력할 수 있는 텍스트 창이 뜬다.
• 텍스트 창에 치수를 기입하고 Enter↵ 키를 누르면 치수선이 표시된다.
• 치수선을 기입할 위치에 마우스를 클릭한다.

ㅁ 수평연속 : 측정점을 마우스로 선택하면 연속하여 수평방향(길이) 치수선이 완성되는 기능이다.

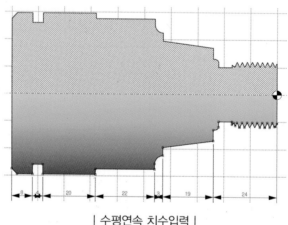

| 수평연속 치수입력 |

• '측정' 메뉴에서 '수평연속' 아이콘을 클릭한다.
• 마우스로 측정 시작점을 클릭하면 점이 파란색으로 변경된다.

- 측정 종료점을 마우스를 클릭하면 이전에 클릭한 점과의 수평방향(거리) 치수선이 자동 기입된다.
- 점을 클릭할 때마다 바로 직전에 클릭한 점과의 수평방향(거리) 치수선이 자동 기입된다.
- [Ctrl] 키를 누른 상태로 도면을 마우스로 클릭하거나 다른 측정 모드를 선택하면 연속 측정이 종료된다.

ⓑ 라운드 : 모서리 R을 측정하는 기능으로 가공부는 4분원으로 라운딩되어 있어야 한다.

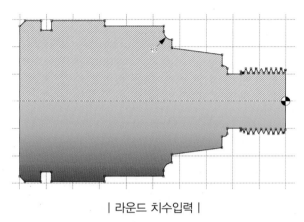

| 라운드 치수입력 |

- '측정' 메뉴에서 '라운드' 아이콘을 클릭한다.
- 마우스로 치수를 측정할 라운딩 영역을 클릭하면 해당 지점에서 시작하는 치수선이 표시된다.
- 치수선을 기입할 위치에 마우스를 클릭한다.

ⓢ 모따기 : 모따기 양을 측정하는 기능으로 가공부는 45°로 모따기 되어 있어야 한다.

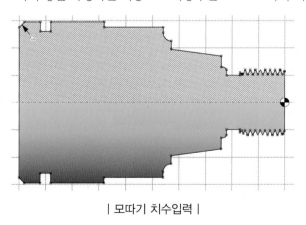

| 모따기 치수입력 |

• '측정' 메뉴에서 '라운드' 아이콘을 클릭한다.

• 마우스로 치수를 측정할 모따기 영역을 클릭하면 해당 지점에서 시작하는 치수선이 표시된다.

• 치수선을 기입할 위치에 마우스를 클릭한다.

② 자동측정

자동측정 버튼을 누르면 측정 대상점을 다중 선택할 수 있는 상태가 된다.

㉠ 포인트 영역 선택

마우스를 드래그하여 생기는 사각 영역 안에 들어오는 포인트들이 선택된다. 마우스 왼쪽 버튼을 누른 채로 드래그하면 사각 영역이 점선으로 표시되고, 마우스 왼쪽 버튼을 떼면 사각 영역 내부의 점들이 자동으로 선택된다. 이때 선택된 점들은 모두 파란색으로 표시된다.

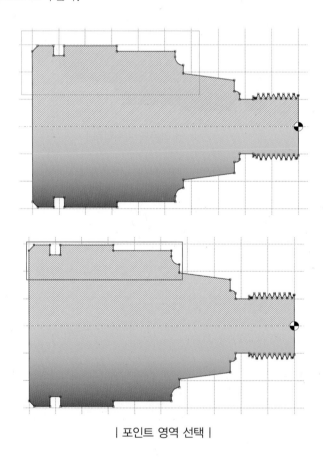

| 포인트 영역 선택 |

ⓛ 전체포인트 선택

버튼을 누르면 도면의 모든 점이 선택된다. 이때 선택된 점은 모두 파란색으로 표시 된다.

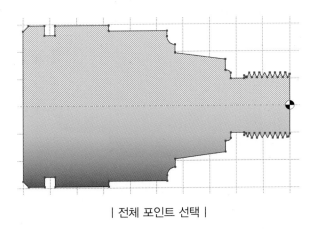

| 전체 포인트 선택 |

ⓒ 포인트 선택 해제

버튼을 누르면 도면의 모든 점이 선택 해제된다.

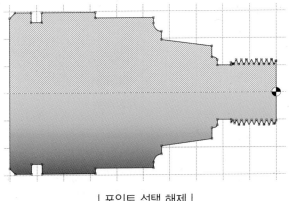

| 포인트 선택 해제 |

ㄹ 실행

선택된 점들에 대해서 수직, 수평, 반경, 직경 등의 치수선이 자동 기입된다.

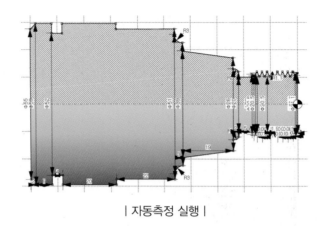

| 자동측정 실행 |

3) 채점

검사 대상 공작물을 정답 파일과 비교하여 채점하는 기능으로 '채점' 아이콘을 누르면
아래 그림처럼 화면이 채점 패널(①)과 3D 검증 화면(②)으로 전환된다.

| 채점 메뉴 |

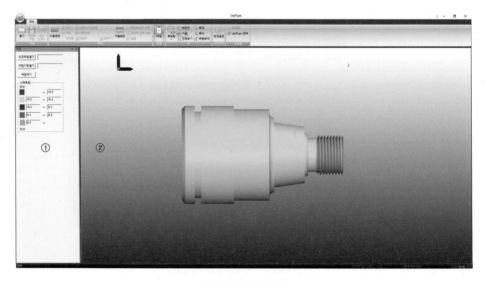

| 채점 모드 화면 |

① 비교 파일 열기

비교 검사할 정답 파일을 불러온다. 정답 파일을 불러오기 위해서는 미리 정답 NC로
가공한 공작물을 *.stl 파일로 저장해야 한다.

| 정답 파일 열기 |

② 채점 기준 열기

채점 기준 파일(*.xls)을 연다. 채점 기준은 환경설정의 채점 기준 탭에서 설정하여
저장할 수 있다.

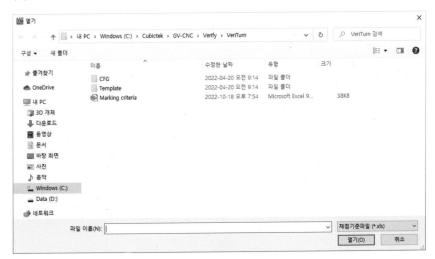

| 채점 기준 열기 |

③ 채점하기

②에서 불러온 채점 기준에 의하여 비교 파일과의 검사를 수행한다.

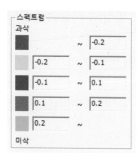

| 과미삭 영역 스펙트럼 |

'채점하기' 버튼을 누르면 위 그림의 스펙트럼 설정 기준에 의거하여 과미삭 영역을 스펙트럼 색상으로 보여준다. 이 스펙트럼의 색상과 범위는 사용자가 환경설정 메뉴에서 변경할 수 있으며, 이러한 스펙트럼 방식은 정확한 수치 이전에 눈으로 쉽게 확인할 수 있는 장점을 가지고 있다.

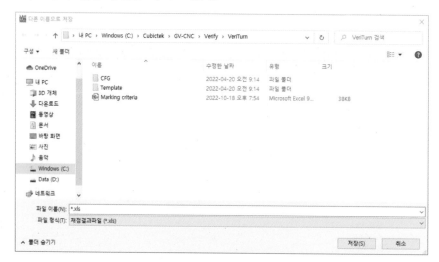

| 채점 결과 저장하기 |

'채점하기' 버튼을 클릭하면 채점 결과를 저장할 파일명을 입력하는 대화상자가 뜨고 파일 이름을 입력한 후 '저장(S)'을 클릭하면 채점 결과가 저장된다.

4) 뷰

채점 화면의 뷰를 조작하는 메뉴이며 '채점' 버튼을 클릭해야 활성화된다.

| 채점 화면의 뷰 메뉴 |

① 뷰 방향

사용자가 보는 뷰의 방향을 정할 수 있다.

| 뷰 방향 설정 메뉴 |

② 뷰 회전

'뷰 회전' 버튼을 누르고 마우스 왼쪽 버튼을 누른 채로 드래그(상, 하, 좌, 우로 이동)하면 커서 모양이 변경되고 화면 회전 모드로 전환되면서 화면이 회전한다. 마우스 휠을 누르고 드래그하여도 화면을 회전시킬 수 있다.

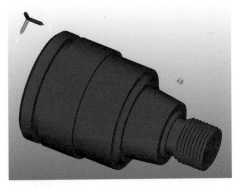

| 뷰 회전 모드 |

③ 이동

'이동' 버튼을 누르고 마우스 왼쪽 버튼을 누른 채로 드래그(상, 하, 좌, 우로 이동)하면 커서 모양이 변경되고 화면 이동 모드로 전환되면서 화면이 이동된다.

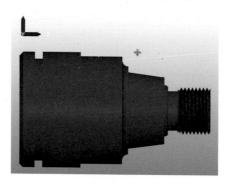

| 뷰 이동 모드 |

④ 전체보기

현재의 뷰 방향을 유지한 채로 화면에 공작물이 꽉 찬 상태로 그려진다.

⑤ 확대

화면을 확대해서 보여준다. 사용하는 마우스에 휠 버튼이 지원되는 경우, 마우스 휠을 밀면(위 → 아래 방향으로 스크롤하기) 화면이 확대된다.

⑥ 축소

화면을 축소해서 보여준다. 사용하는 마우스에 휠 버튼이 지원되는 경우, 마우스 휠을 당기면(아래 → 위 방향으로 스크롤하기) 화면이 축소된다.

⑦ 부분확대

'부분확대' 버튼을 누르고 마우스 왼쪽 버튼을 누르고 드래그를 시작하면 점선으로 사각형이 표시되고 다시 마우스 버튼을 떼면 표시된 사각 영역 내부에 들어오는 부분이 화면에 꽉 차게 표시된다.

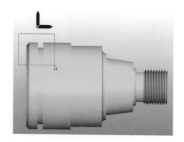

| 뷰 부분확대 모드 |

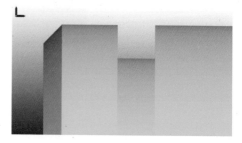

| 뷰가 부분확대된 결과 |

5) 환경설정

측정, 채점 기능을 포함하여 Veri–Turn 프로그램에 필요한 환경을 설정하는 기능이다.

① 측정

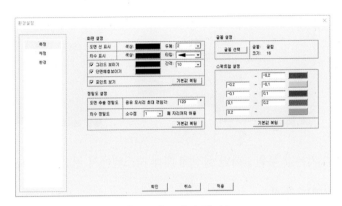

| 측정 기능 관련 설정 |

㉠ 화면 설정

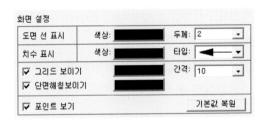

| 화면 설정 |

ⓐ 도면 선 표시 : 도면/검증 화면의 도면의 선 색상과 두께를 조절할 수 있으며, 두께는 1~10까지 설정할 수 있다.

ⓑ 치수 표시 : 측정 치수선의 색상과 화살촉 타입을 설정할 수 있다.

ⓒ 그리드 보이기 : 화면 그리드의 색상과 그리드 선의 간격을 조절할 수 있으며, 간격은 5, 10, 15, 20 중에서 선택하여 나타낼 수 있다.

☑ 그리드 보이기　　　　　　　　　□ 그리드 보이기

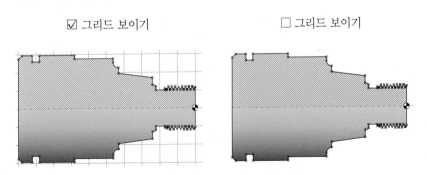

ⓓ 단면해칭 보이기 : 단면해칭의 색상을 변경할 수 있다.

ⓔ 포인트 보기 : 도면의 끝점에 있는 포인트 표시 여부를 결정한다.

☑ 포인트 보기   ☐ 포인트 보기

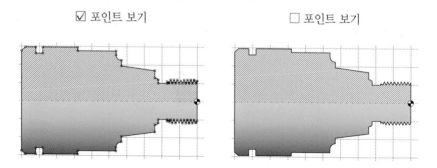

ⓕ 기본값 복원 : 화면 설정에 대해 시스템에서 권장하는 기본값으로 초기화된다.

ⓛ 정밀도 설정

ⓐ 도면 추출 정밀도 : 공작물 파일(*.stl)로부터 평면도로 추출할 공유 모서리의 최대 끼임각을 설정한다.

ⓑ 치수 정밀도 : 치수를 표기할 때의 소수점 자릿수를 설정할 수 있으며 0~4까지 설정할 수 있다.

ⓒ 기본값 복원 : '기본값 복원'을 클릭하면 정밀도 설정에 대해 시스템에서 권장하는 기본값으로 초기화된다.

ⓒ 글꼴 설정

'글꼴 선택' 버튼을 클릭하여 치수의 글꼴, 글꼴 스타일, 크기를 설정한다.

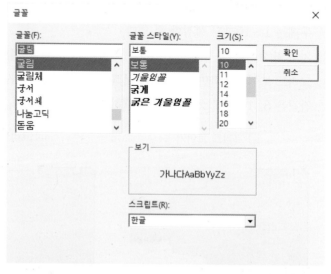

| 글꼴 설정 기능 |

ㄹ 스펙트럼 설정

'채점' 창의 표준 스펙트럼 값을 사용자 임의로 변경이 가능하며, 값을 변경할 경우에는 각각의 범위 값을 직접 입력한다. 색상을 변경할 경우에는 색 버튼을 클릭하여 원하는 색을 설정할 수 있다. 변경된 값은 시스템을 재실행해도 내부적으로 저장되어 유지된다.

• 기본값 복원 : 스펙트럼 설정에 대해 시스템에서 권장하는 기본값으로 초기화한다.

② 채점

NC Data, 가공물, 가공조건의 3가지 탭으로 구성된 채점 기준을 입력할 수 있으며, 고려 대상에 제외하는 항목은 배점을 0으로 입력하면 된다.

㉠ NC Data

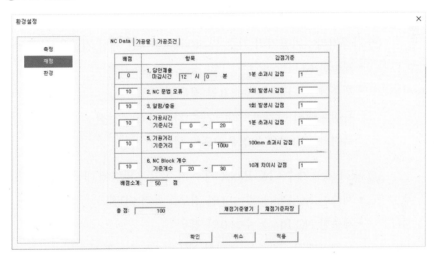

| 채점 기준 중 'NC Data' 관련 설정 |

ⓐ 답안제출 : 답안 제출 마감시간 기준 및 초과량에 대한 채점 기준을 설정한다.

• 답안 제출 초과시간＝(제출시간－기준시간)의 총 분(minute)수

• 답안 제출 초과시간≤ 0인 경우 : 득점＝배점

• 답안 제출 초과시간＞ 0인 경우 : 득점＝배점－초과 점수×감점

           득점＜ 0인 경우 득점은 0으로 한다.

ⓑ NC 문법 오류 : NC 문법 오류 발생 횟수에 대한 채점 기준 설정한다.

• 제출한 NC Block 수＜ 1인 경우 : 득점＝0점

• 제출한 NC Block 수> 0인 경우 : 득점＝배점－문법오류횟수×감점

득점< 0인 경우 득점은 0으로 한다.

ⓒ 알람/충돌 : 가공 중에 발생한 알람/충돌 발생 횟수에 대한 채점 기준을 설정한다.

• 제출한 NC Block 수< 1인 경우 : 득점＝0점

• 제출한 NC Block 수> 0인 경우 : 득점＝배점－알람/충돌 횟수×감점

득점< 0인 경우 득점은 0으로 한다.

ⓓ 가공시간 : 가공시간 기준 및 초과량에 대한 채점 기준을 설정한다.

• 제출한 NC Block 수< 1인 경우 : 득점＝0점

• 제출한 NC Block 수> 0인 경우 :

득점＝배점－(가공시간－기준 가공시간)×감점

득점< 0인 경우 득점은 0으로 한다.

ⓔ 가공거리 : 가공거리 기준 및 초과량에 대한 채점 기준을 설정한다.

• 제출한 NC Block 수< 1인 경우 : 득점＝0점

• 제출한 NC Block 수> 0인 경우 :

득점＝배점－(가공거리－기준 가공거리)×감점

득점< 0인 경우 득점은 0으로 한다.

ⓕ NC Block 개수 : NC Block 개수 기준 및 초과량에 대한 채점 기준을 설정한다.

• 제출한 NC Block 수< 1인 경우 : 득점＝0점

• 제출한 NC Block 수> 0인 경우 :

득점＝배점－기준을 초과한 NC Block 수×감점

득점< 0인 경우 득점은 0으로 한다.

ⓖ NC 채점 소계 계산

NC 채점 소계＝답안 제출 마감시간 득점＋NC 문법 오류 득점＋알람/충돌 득점
＋가공시간 득점＋가공거리 득점＋NC Block 개수 득점

ⓛ 가공물

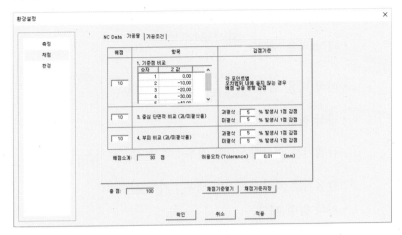

| 채점 기준 중 '가공물' 관련 설정 |

ⓐ 기준점 비교 : 가공물과 정답 파일 간에 차이 값이 오차 범위를 벗어나는 경우에 대해 체크할 기준점 위치를 N개 입력하고 배점을 입력한다.

• 득점 = 배점 $\times \dfrac{\text{오차 범위를 벗어나지 않는 수}}{\text{기준점 개수}}$

• 기준점 개수가 0인 경우에는 득점 = 배점

ⓑ 중심 단면적 비교 : 가공물과 정답 파일 간에 모든 지점에 대해 과절삭/미절삭 비율로 허용할 범위 및 배점을 입력한다.

• 과삭 비율 계산 : $\dfrac{\text{과삭인 지점의 개수}}{\text{검사 대상점의 개수}} \times 100$

• 미삭 비율 계산 : $\dfrac{\text{미삭인 지점의 개수}}{\text{검사 대상점의 개수}} \times 100$

• 과삭 감점 계산

감점기준 과삭량 > 0인 경우 : 과삭 감점 = $\dfrac{\text{과삭량}}{\text{감점기준 과삭량}}$

감점기준 과삭량 ≤ 0인 경우 : 과삭 감점 = 0

• 미삭 감점 계산

감점기준 미삭량 > 0인 경우 : 미삭 감점 = $\dfrac{\text{미삭량}}{\text{감점기준 미삭량}}$

감점기준 미삭량 ≤ 0인 경우 : 미삭 감점 = 0점

• 득점 = 배점 - 과삭 감점 - 미삭 감점

이때 과삭 감점과 미삭 감점의 소수점 이하는 무시한다.

득점 < 0인 경우 득점은 0으로 한다.

ⓒ 부피 비교 : 가공물과 정답 파일 간에 부피 비교 시 과절삭/미절삭 비율로 허용할 범위 및 배점을 입력한다.

- 과삭 비율 계산 : $\dfrac{\text{과삭량(부피)}}{\text{정답 부피}} \times 100$

- 미삭 비율 계산 : $\dfrac{\text{미삭량(부피)}}{\text{정답 부피}} \times 100$

- 과삭 감점 계산

  감점기준 과삭량 > 0인 경우 : 과삭 감점 $= \dfrac{\text{과삭량}}{\text{감점기준 과삭량}}$

  감점기준 과삭량 ≤ 0인 경우 : 과삭 감점 $= 0$

- 미삭 감점 계산

  감점기준 미삭량 > 0인 경우 : 미삭 감점 $= \dfrac{\text{미삭량}}{\text{감점기준 미삭량}}$

  감점기준 미삭량 ≤ 0인 경우 : 미삭 감점 $= 0$점

- 득점 = 배점 - 과삭 감점 - 미삭 감점

  이때 과삭 감점과 미삭 감점의 소수점 이하는 무시한다.

  득점 < 0인 경우 득점은 0으로 한다.

ⓓ 가공물 채점 소계 계산

  가공물 채점 소계 = 가공물 기준점 득점 + 가공물 단면 득점 + 가공물 면적 득점
  + 가공물 부피 득점

ⓒ 가공조건

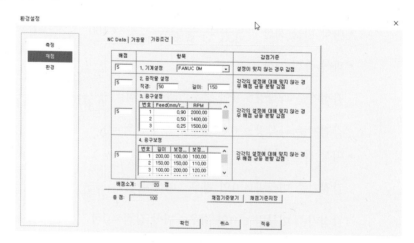

| 채점 기준 중 '가공조건' 관련 설정 |

ⓐ 기계 설정 : 컨트롤러 타입을 설정하고 배점을 입력한다. 설정이 맞지 않는 경우 배점만큼 감점한다.

ⓑ 공작물 설정 : X, Z축 방향별 공작물의 기준 크기를 설정하고 배점을 입력한다.

$$득점 = 배점 \times \frac{X, \ Z \ 방향의 \ 크기 \ 중 \ 기준과 \ 일치하는 \ 방향의 \ 개수}{2}$$

ⓒ 공구 설정 : 각 공구별 공구 Feed, RPM 기준 및 배점을 입력한다.

- 답안에 공구 정보가 없는 경우 : 득점 = 0
- 답안에 공구 정보가 있는 경우 :

  비교할 공구 개수 = 기준 공구 개수와 제출한 공구 개수 중 작은 값

$$득점 = 배점 \times \frac{같은 \ 번호의 \ 기준공구와 \ Feed, \ RPM이 \ 모두 \ 일치하는 공구의 \ 개수}{비교할 \ 공구 \ 개수}$$

ⓓ 공구 보정 : 각 공구별 공구 길이, 보정값 D/H 및 배점을 입력한다.

- 답안에 공구 보정값 정보가 없는 경우 : 득점 = 0
- 답안에 공구 보정값 정보가 있는 경우 :

  비교할 공구 개수 = 기준 보정값 개수와 제출한 보정값 개수 중 작은 값

$$득점 = 배점 \times \frac{같은 \ 번호의 \ 기준공구와 \ 길이, \ 보정값 \ D/H가 \ 모두 \ 일치하는 \ 공구의 \ 개수}{비교할 \ 공구 \ 개수}$$

ⓔ 가공조건 채점 소계 계산

  가공조건 채점 소계 = 기계 설정 득점 + 공작물 설정 득점 + 공구 설정 득점
  \+ 공구 보정값 득점

㉣ 총 득점 계산

  총 득점 = NC Data 채점 소계 + 가공물 채점 소계 + 가공조건 채점 소계

ⓜ 채점 기준 열기

'채점기준열기' 버튼을 누르면 위 그림과 같이 채점 기준 엑셀 파일을 선택할 수
있는 창이 뜬다. 원하는 파일을 선택하고 '열기'를 누르면 채점 기준을 불러온다.

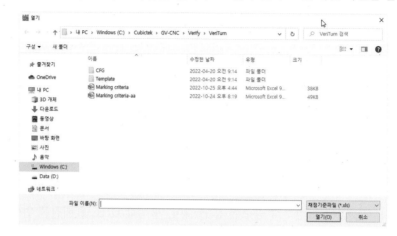

| 채점 기준 파일 열기 |

ⓗ 채점 기준 저장

환경설정 대화상자의 채점 탭에서 입력한 채점 기준을 엑셀 파일(*.xls)로 저장한다.

| 채점 기준 파일 저장 |

③ 환경

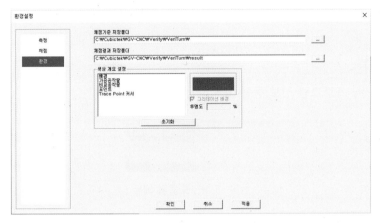

| 기타 환경설정 |

㉠ 채점기준 저장폴더

채점기준을 저장할 기본 경로를 지정한다. 우측의 □ 버튼을 눌러서 원하는 폴더를 선택할 수 있다. 채점 탭의 '채점기준저장' 버튼을 눌렀을 때, 이곳에서 설정한 경로가 초기 경로로 표시된다.

㉡ 채점결과 저장폴더

채점결과를 저장할 기본 경로를 지정한다. 우측의 □ 버튼을 눌러서 원하는 폴더를 선택할 수 있다. 채점 모드에서 채점 패널의 '채점하기' 버튼을 눌렀을 때, 이곳에서 설정한 경로가 초기 경로로 표시된다.

㉢ 색상 개요 설정

색상 개요 설정의 각 항목(①)을 클릭한 후 ②의 색상 영역을 마우스로 클릭하여 색을 설정할 수 있다.

| 색상 개요 설정 |

ⓐ 배경 : 그라데이션 여부를 설정할 수 있다.

ⓑ 가공공작물, 비교공작물 : 투명도를 비율 값을 입력하여 설정할 수 있다.

ⓒ 포인트, Trace Point 커서 : 색상만 변경할 수 있다.

ⓓ 초기화 : 환경설정에 대해 시스템에서 권장하는 기본값으로 초기화된다.

6) 도움말

도움말, 프로그램 정보 등을 표시하는 기능이다.

| 도움말 메뉴 |

① 도움말

Veri-Turn의 전체적인 사용방법을 볼 수 있는 도움말을 표시한다.

② VeriTurn 정보

Veri-Turn의 현재 버전에 대한 자세한 정보를 보여주는 대화상자가 표시된다.

| Veri-Turn 정보 표시창 |

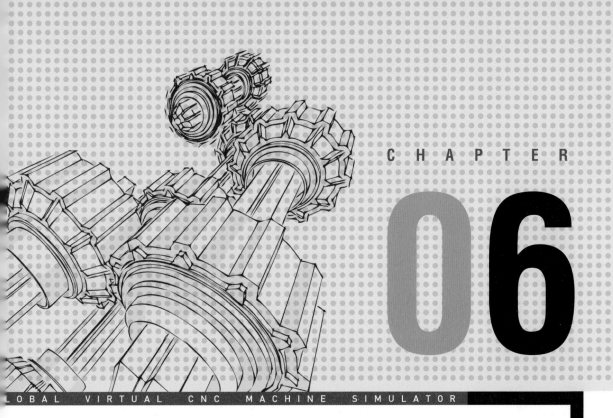

Veri－Mill 검증

1 Veri – Mill 개요

가공한 공작물의 치수 검사뿐 아니라 정상 가공된 공작물 파일과의 비교를 통해 과미삭 검사 등의 검증을 수행하고, 채점자의 기준에 의해 채점할 수 있는 기능을 제공한다. 프로그램 실행 시 평면도, 단면도 형태로 도면이 구성된다.

1. 치수 검사

① 수동측정 : 사용자가 원하는 지점을 선택하여 수평 거리, 수직 거리, 반경, 직경 등의 치수를 측정할 수 있고, 좌표 확인을 할 수 있다.

② 자동측정 : 점들을 선택하고 실행 버튼만 한 번 누르면 선택된 점들에 대해 자동으로 치수가 기입되는 편리한 기능이다. 치수선이 기입된 도면을 인쇄하거나 이미지로 출력할 수 있다.

2. 채점

과미삭 영역을 사용자가 지정한 설정에 따라 스펙트럼 형태로 확인할 수 있다. 그뿐만 아니라 NC Data, 기준점, 단면, 중심 단면적, 부피, 기계/공작물/공구 설정 등을 설정한 기준에 의해 채점할 수 있다.

3. 환경설정

그래픽 속성, 채점 기준 등을 시스템에 저장해 두어, 프로그램을 종료한 후 새로 실행해도 동일한 환경에서 프로그램을 사용할 수 있다.

❷ 기본조작

1. 화면구성

Veri−Mill의 화면은 메뉴(①), 조작 패널(②), 도면/검증 화면(③), 상태표시줄(④)로 구성되어 있다.

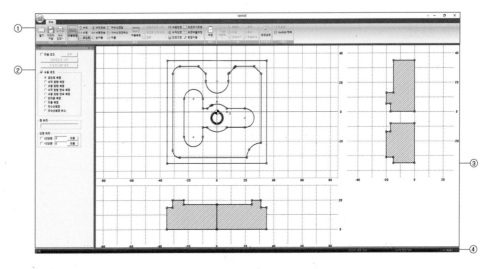

| Veri−Mill 전체 화면구성 |

2. 메뉴

파일, 측정, 채점, 뷰, 환경설정, 도움말 등의 그룹으로 구성되어 있다.

1) 파일

| Veri−Mill의 파일메뉴 |

① 열기

치수 측정 및 과미삭 검사 등을 수행할 가공공작물 STL파일을 연다.

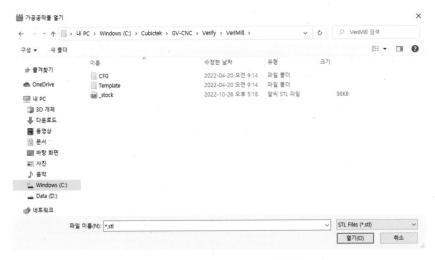

| 가공공작물 STL파일 열기 대화상자 |

② 이미지 저장

현재 도면을 비트맵 이미지로 저장한다.

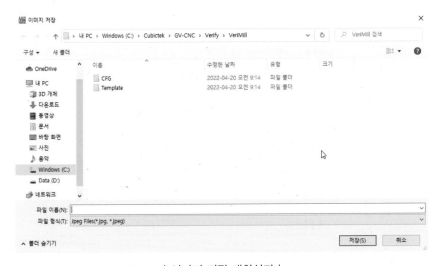

| 이미지 저장 대화상자 |

③ 서식 인쇄

프린터, 인쇄 범위, 인쇄 매수 등을 설정한 후 현재의 페이지를 인쇄한다.

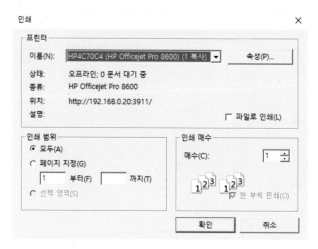

| 서식 인쇄 대화상자 |

㉠ 인쇄 설정 : 프린터기의 종류나 설정을 변경한다. 만약 프린터 종류가 지정되어 있지 않다면 이 기능이 정상 작동되지 않으므로, 프린터기를 설정한 뒤 기능을 사용한다.

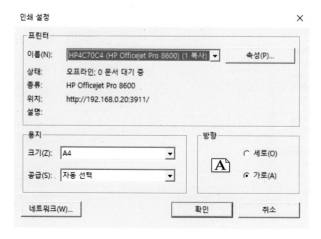

| 인쇄 설정 대화상자 |

ⓛ 인쇄 미리보기

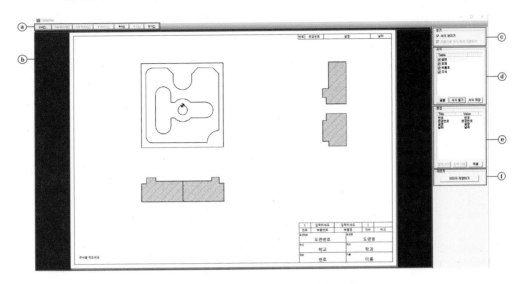

| 인쇄 미리보기 대화상자 |

ⓐ 버튼

- 인쇄(P) : 프린트 대화상자 화면으로 이동한다.

- 다음 페이지(N) : 다음 페이지를 화면에 보여준다. 현재 페이지 이후에 출력
  할 페이지가 있는 경우에만 활성화된다.

- 이전 페이지(V) : 이전 페이지를 화면에 보여준다. 현재 페이지 이전에 출력
  할 페이지가 있는 경우에만 활성화된다.

- 두 페이지(T) : 두 개의 페이지를 화면에 보여준다.

- 확대(I) : 출력될 화면을 확대해서 보여주며, 더 이상 확대되지 않으면 버튼은
  비활성화된다.

- 축소(O) : 출력될 화면을 축소해서 보여주며, 더 이상 축소되지 않으면 버튼
  은 비활성화된다.

- 닫기(C) : 프린트 작업을 취소하고 미리보기 화면을 닫는다.

ⓑ 화면 : 인쇄할 화면을 보여준다.

ⓒ 보기

- 서식보이기 : 체크되어 있으면 서식 테이블을 화면에 보여준다.

- 자동으로 크기/위치 조절하기 : 화면 내용이 서식 테이블과 겹쳐서 출력되지
  않도록 크기를 자동으로 조절한다.

ⓓ 서식 : 서식, 표제, 부품표, 주석을 인쇄화면에서 보거나 감출 수 있고, 각각의
테이블별로 글자체 등을 변경할 수 있다. 한번 설정해 놓은 값은 서식 저장을
통해서 저장할 수도 있다.

• 글꼴 : 현재 선택된 서식 항목의 글꼴을 변경한다. 이때 서식 테이블의 크기는
변경되지 않는다.

| 글꼴 설정 대화상자 |

• 서식 열기 : 사용자가 선택한 서식 파일(*.cpt)을 불러오는 기능으로 프로
그램 실행 후 최초로 서식 열기를 클릭하면 기본 서식 폴더(실행파일위치/
Template)로 자동으로 경로를 지정하고 이후부터는 최근에 열었던 폴더가
경로로 지정된다.

| 서식 열기 대화상자 |

• 서식 저장 : 현재 화면의 서식을 사용자가 입력한 이름의 파일로 저장한다. 자동으로 이전에 저장한 값을 재사용하고 싶을 때, 서식 0번(한 페이지 형식)인 경우 defaulttemplate0.cpt로 저장하고, 서식 1번(여러 페이지 형식)인 경우 defaulttemplate1.cpt로 저장한다.

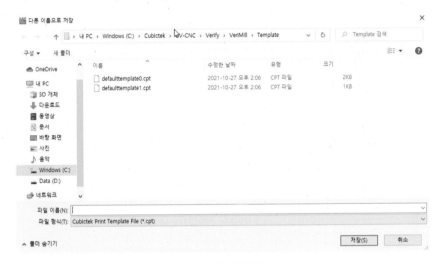

| 서식 저장 대화상자 |

ⓔ 편집

각각의 서식은 편집 박스를 이용하여 편집할 수 있다. 항목 추가/항목 삭제는 부품표를 편집할 때에만 활성화된다. '항목 추가'를 누르면 항목이 계속 추가되며, 추가한 항목을 삭제할 경우에는 마우스로 항목을 선택하고 '항목 삭제' 버튼을 누른다.

• 편집 방법

－편집할 테이블에서 서식을 선택한다.

－각 셀(글자)을 마우스로 더블 클릭한다.

－값을 입력하고 Enter⏎ 키를 누르면 값이 적용된다.

－변경한 값을 화면에 적용시키려면 '적용' 버튼을 누른다.

ⓕ 이미지

현재 보이는 미리보기 화면을 *.jpg, *.bmp 파일로 저장할 수 있다.

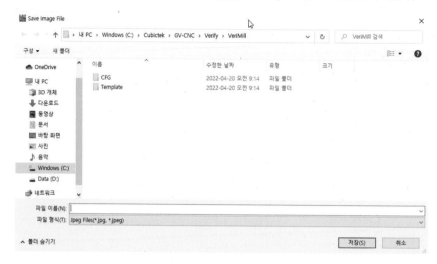

| 이미지 저장하기 대화상자 |

2) 측정

| 치수 측정 메뉴 |

① 수동측정

㉠ 수직 : 두 점을 선택하여 수직 방향 길이를 측정하는 기능이다.

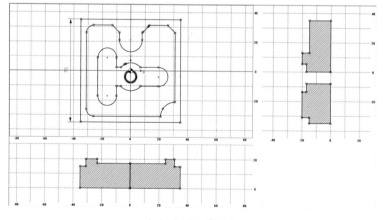

| 수직 치수 측정 |

- '측정' 메뉴에서 '수직' 아이콘을 클릭한다.
- 마우스로 측정 시작점을 클릭하면 점이 파란색으로 변경된다.
- 마우스로 측정 종료점을 클릭하면 두 점 간의 치수선이 도면에 표시된다.
- 치수선을 기입할 위치에 마우스를 클릭한다.
- 기입된 치수를 삭제하려면 마우스로 치수를 클릭한 후 키보드의 Del 을 클릭한다.

ⓛ 수평 : 두 점을 선택하여 수평 방향 거리를 측정하는 기능이다.

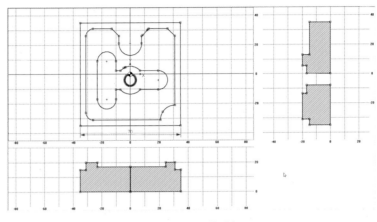

| 수평 치수 측정 |

- '측정' 메뉴에서 '수평' 아이콘을 클릭한다.
- 나머지는 수직 치수 기입법과 동일하다.

ⓒ 포인트 : 좌표를 확인하기 위한 기능이다. 마우스로 점을 선택하면 해당 점의 좌표
가 좌측의 측정 패널의 점 위치에 표시된다.

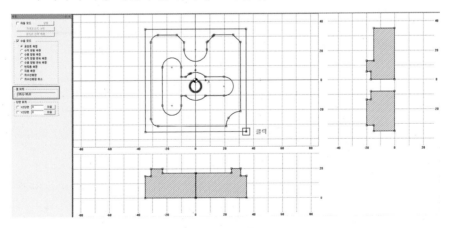

| 포인트 좌표 확인 |

㉣ 수직연속 : 측정점을 마우스로 선택하면 연속하여 수직방향(길이) 치수선이 완성되는 기능이다.

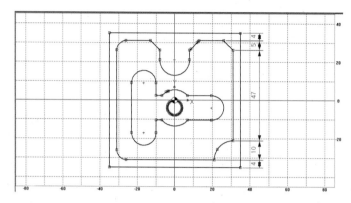

| 수직연속 치수입력 |

- '측정' 메뉴에서 '수직연속' 아이콘을 클릭한다.
- 마우스로 측정 시작점을 클릭하면 점이 파란색으로 변경된다.
- 측정 종료점을 마우스를 클릭하면 이전에 클릭한 점과의 수직방향(거리) 치수선이 자동 기입된다.
- 점을 클릭할 때마다 바로 직전에 클릭한 점과의 수직방향(거리) 치수선이 자동 기입된다.
- Ctrl 키를 누른 상태로 도면을 마우스로 클릭하거나 다른 측정 모드를 선택하면 연속 측정이 종료된다.

㉤ 수평연속 : 측정점을 마우스로 선택하면 연속하여 수평방향(길이) 치수선이 완성되는 기능이다.

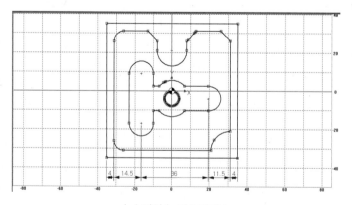

| 수평연속 치수입력 |

- '측정' 메뉴에서 '수평연속' 아이콘을 클릭한다.
- 마우스로 측정 시작점을 클릭하면 점이 파란색으로 변경된다.
- 측정 종료점을 마우스를 클릭하면 이전에 클릭한 점과의 수평방향(거리) 치수선이 자동으로 기입된다.
- 점을 클릭할 때마다 바로 직전에 클릭한 점과의 수평방향(거리) 치수선이 자동 기입된다.
- Ctrl 키를 누른 상태로 도면을 마우스로 클릭하거나 다른 측정 모드를 선택하면 연속 측정이 종료된다.

ⓑ 반지름 : 원호의 반지름을 측정하는 기능이다.

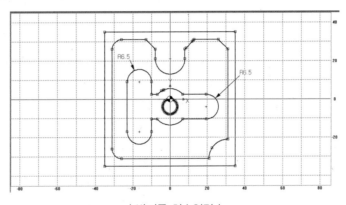

| 반지름 치수입력 |

- '측정' 메뉴에서 '반지름' 아이콘을 클릭한다.
- 마우스로 치수를 측정할 원호를 클릭하면 해당 지점에서 시작하는 반지름 치수선이 표시된다.
- 치수선을 기입할 위치에 마우스를 클릭한다.

ⓢ 치수선연장 : 치수가 겹쳐서 보이는 경우에 사용하며 특정 치수 값만 따로 연장할 수 있는 기능으로서 명령 실행 후 치수 값을 선택하여 드래그하면 위치를 옮길 수 있다.

- '측정' 메뉴에서 '치수선연장' 아이콘을 클릭한다.
- 마우스로 연장할 치수선을 선택한다.

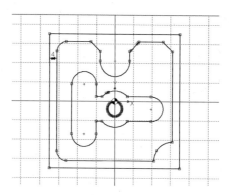

| 연장할 치수선 선택 |

• 마우스를 드래그하여 연장을 원하는 위치까지 이동한 다음 도면의 빈 영역을 클릭하면 위치 이동이 완료된다.

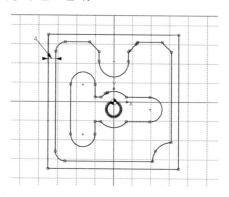

| 치수선 연장하기 |

◎ 치수선연장취소 : 치수선 연장을 취소하고 싶은 경우 해당 치수선을 선택하면 원래 치수 기입 위치로 돌아온다.
  • '측정' 메뉴에서 '치수선연장취소' 아이콘을 클릭한다.
  • 마우스로 치수선 연장을 취소할 치수선을 선택한다.

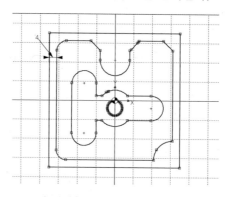

| 연장을 취소할 치수선 선택 |

• 선택한 치수선의 치수 기입 위치가 원래대로 돌아온다.

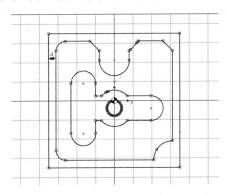

| 연장 취소된 치수선 |

ⓩ 지름 : 원의 직경을 측정하는 기능이다.

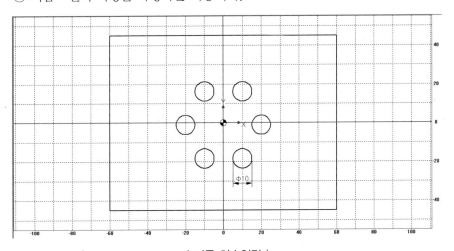

| 지름 치수입력 |

• '측정' 메뉴에서 '지름' 아이콘을 클릭한다.
• 마우스로 치수를 측정할 원을 클릭하면 해당 지점에서 시작하는 지름 치수선이
  표시된다.
• 치수선을 기입할 위치에 마우스를 클릭한다.

② 자동측정

자동측정 버튼을 누르면 측정 대상점을 다중 선택할 수 있는 상태가 된다.

㉠ 포인트 영역 선택

마우스를 드래그하여 생기는 사각 영역 안에 들어오는 포인트들이 선택된다. 마우스 왼쪽 버튼을 누른 채로 드래그하면 사각 영역이 점선으로 표시되고, 마우스 왼쪽 버튼을 떼면 사각 영역 내부의 점들이 자동으로 선택된다. 이때 선택된 점들은 모두 파란색으로 표시된다.

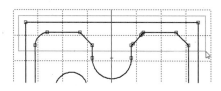 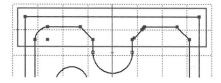

| 포인트 영역 선택 |

㉡ 전체포인트 선택

버튼을 누르면 도면의 모든 점이 선택된다. 이때 선택된 점은 모두 파란색으로 표시된다.

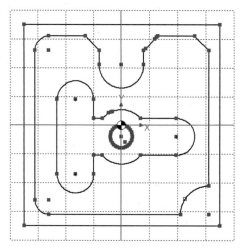

| 전체포인트 선택 |

ⓒ 포인트 선택 해제

버튼을 누르면 도면의 모든 점이 선택 해제된다.

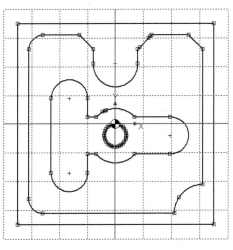

| 포인트 선택 해제 |

ⓔ 실행

선택된 점들에 대해서 수직, 수평, 반경, 직경 등의 치수선이 자동 기입된다.

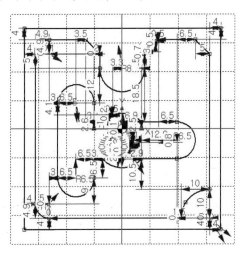

| 자동측정 실행 |

③ 기타 설정기능

| 측정 메뉴 중 기타 설정기능 |

㉠ 수평단면 : '수평단면' 아이콘을 클릭하고 도면/검증 화면에서 수평방향 단면을 확인하고 싶은 위치를 마우스로 클릭하거나 위치 값을 입력할 수 있도록 하는 기능이다.

ⓐ 아래 그림처럼 '수평단면' 아이콘을 누르면 측정 패널의 '단면 위치' 그룹의 'XZ단면' 체크 버튼이 자동으로 체크된다. 또는 측정 패널의 '단면 위치' 그룹의 'XZ단면'을 체크하면 '수평단면' 아이콘이 자동으로 눌린다.

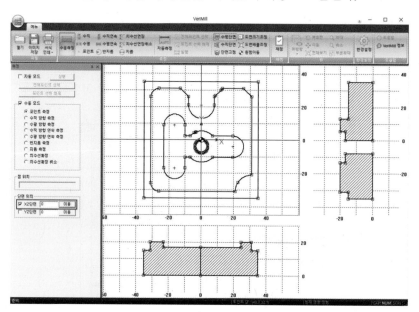

| 수평단면 선택 모드 |

ⓑ 아래 그림의 ① 영역에서 원하는 위치를 클릭하면 ② 영역에 해당 위치의 Y 좌푯값이 표시되고, ③ 영역에 해당 위치의 단면이 표시된다.

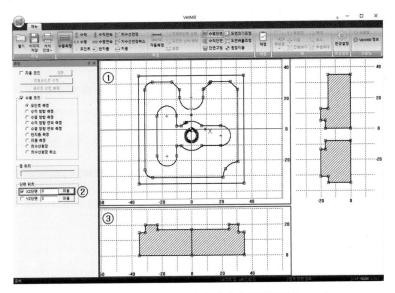

| 마우스로 클릭하여 수평단면 위치선택 |

ⓒ 위 그림에서 ② 영역에 원하는 위치 값을 입력한 후 '이동' 버튼을 누르면, ①
영역의 단면 위치를 나타내는 선(붉은 수평선) 위치가 변경되고 ③ 영역의 단면
이 갱신된다. 이때 ② 영역에 '+' 값을 입력하면 단면 위치를 나타내는 선이
위로 올라가고, '－' 값을 입력하면 선이 아래로 내려간다. 이를 통해 도면 영역
의 틀 우측에 0을 기점으로 위쪽이 '+'이고, 아래쪽이 '－' 임을 알 수 있다.
아래 그림은 수평단면의 위치가 바뀌었을 때 ③ 영역 단면의 모양이 바뀐 것을
보여준다.

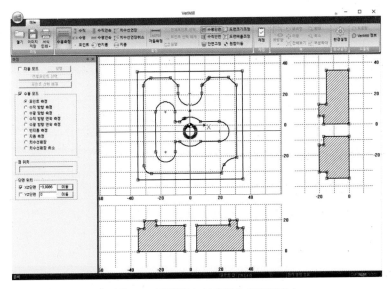

| 마우스로 클릭하여 수평단면 위치변경 |

ⓛ 수직단면 : '수직단면' 아이콘을 클릭하고 도면/검증 화면에서 수직방향 단면을
확인하고 싶은 위치를 마우스로 클릭하거나 위치 값을 입력할 수 있도록 하는 기능
이다.

ⓐ 아래 그림처럼 '수직단면' 아이콘을 누르면 측정 패널의 '단면 위치' 그룹의 'YZ
단면' 체크 버튼이 자동으로 체크된다. 또는 측정 패널의 '단면 위치' 그룹의
'YZ단면'을 체크하면 '수직단면' 아이콘이 자동으로 눌린다.

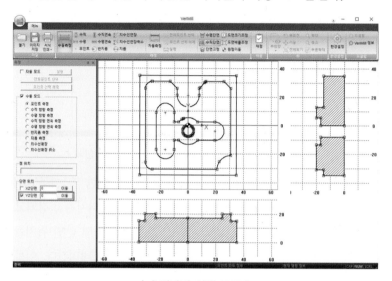

| 수직단면 선택 모드 |

ⓑ 아래 그림의 ① 영역에서 원하는 위치를 클릭하면 ② 영역에 해당 위치의 X 좌푯
값이 표시되고, ③ 영역에 해당 위치의 단면이 표시된다.

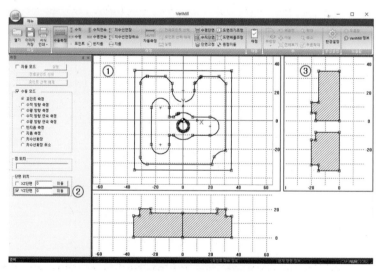

| 마우스로 클릭하여 수직단면 위치선택 |

ⓒ 위 그림에서 ② 영역에 원하는 위치 값을 입력한 후 이동 버튼을 누르면, ① 영역의 단면 위치를 나타내는 선(붉은 수직선) 위치가 변경되고 ③ 영역의 단면이 갱신된다. 이때 ② 영역에 '+' 값을 입력하면 단면 위치를 나타내는 선이 오른쪽으로 이동하고, '-' 값을 입력하면 선이 왼쪽으로 이동한다. 이를 통해 도면 영역의 틀 아래쪽 0을 기점으로 오른쪽이 '+'이고, 왼쪽이 '-' 임을 알 수 있다. 아래 그림은 수직단면의 위치가 바뀌었을 때 ③ 영역 단면의 모양이 바뀐 것을 보여준다.

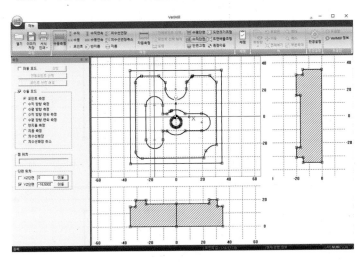

| 마우스로 클릭하여 수직단면 위치변경 |

ⓒ 단면고정 : 수직, 수평 단면을 모두 변경할 수 없도록 단면 설정 모드를 잠그는 기능이다. '단면고정' 버튼을 누르면 측정 패널의 '단면 위치' 그룹 내의 'XZ단면', 'YZ단면' 체크 버튼 및 '이동' 버튼이 모두 비활성화된다.

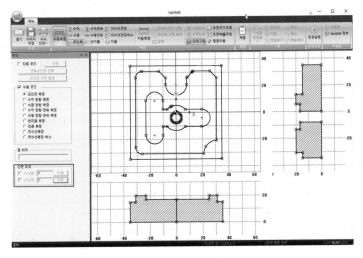

| 단면고정 기능 |

㉣ 도면크기조정 : 도면의 평면도의 크기를 조정하는 기능이다. 평면도의 가장자리 (파란색 부분)에 마우스를 대면 마우스 커서가 크기를 변경할 수 있는 모양(아래 그림의 원 부분)으로 변경되며, 이때 마우스 왼쪽 버튼을 누른 채로 상, 하, 좌, 우로 움직이면 평면도의 크기를 변경할 수 있다.

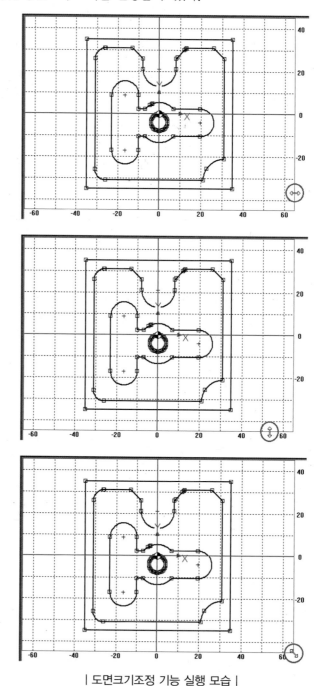

| 도면크기조정 기능 실행 모습 |

ⓜ 도면배율조정 : 도면의 평면도의 크기조정 상태를 원래대로 되돌린다. 도면/검증 화면에서 도면의 배율조정이 필요한 화면을 클릭 후 '도면배율조정' 버튼을 누르면 화면에 꽉 차게 그려지도록 도면 배치가 조정된다.

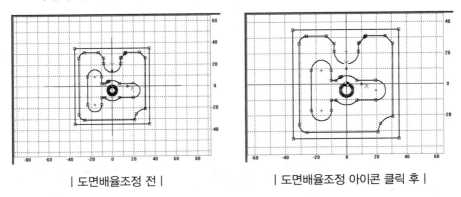

| 도면배율조정 전 |　　　　　| 도면배율조정 아이콘 클릭 후 |

ⓑ 원점이동 : 치수를 측정할 때 사용할 원점을 선택하고 '확인' 버튼을 누른다. 설정한 원점에 따라 평면도, 단면도의 그리드에 표시되는 좌표가 달라진다.

| 원점 위치 설정 |

3) 채점

검사 대상 공작물을 정답 파일과 비교하여 채점하는 기능으로 '채점' 아이콘을 누르면 아래 그림처럼 화면이 채점 패널(①)과 3D 검증 화면(②)으로 전환된다.

| 채점 메뉴 |

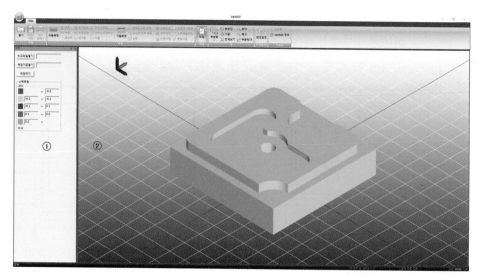

| 채점 모드 화면 |

① 비교 파일 열기

비교 검사할 정답 파일을 불러온다. 정답 파일을 불러오기 위해서는 미리 정답 NC로 가공한 공작물을 *.stl 파일로 저장해야 한다.

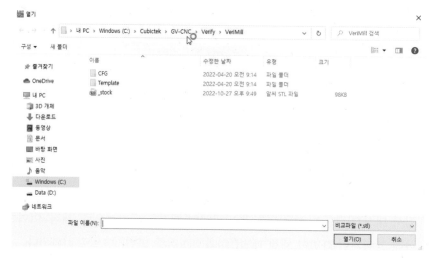

| 정답 파일 열기 |

② 채점 기준 열기

채점 기준 파일(*.xls)을 연다. 채점 기준은 환경설정의 채점 기준 탭에서 설정하여
저장할 수 있다.

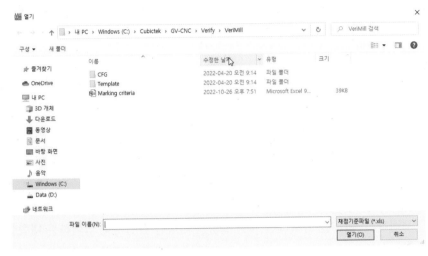

| 채점 기준 열기 |

③ 채점하기

②에서 불러온 채점 기준에 의하여 비교 파일과의 검사를 수행한다.

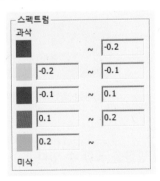

| 과미삭 영역 스펙트럼 |

'채점하기' 버튼을 누르면 위 그림의 스펙트럼 설정 기준에 의거하여 과미삭 영역을
스펙트럼 색상으로 보여준다. 이 스펙트럼의 색상과 범위는 사용자가 환경설정 메뉴
에서 변경할 수 있으며, 이러한 스펙트럼 방식은 정확한 수치 이전에 눈으로 쉽게
확인할 수 있는 장점을 가지고 있다.

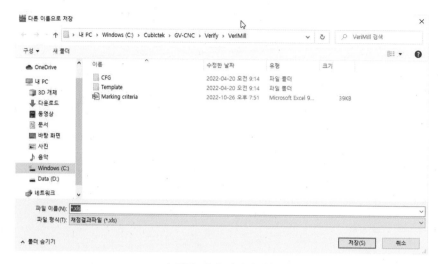

| 채점 결과 저장하기 |

'채점하기' 버튼을 클릭하면 채점 결과를 저장할 파일명을 입력하는 대화상자가 뜨고 파일 이름을 입력한 후 '저장(S)'을 클릭하면 채점 결과가 저장된다.

4) 뷰

채점 화면의 뷰를 조작하는 메뉴이며 '채점' 버튼을 클릭해야 활성화된다.

| 채점 화면의 뷰 메뉴 |

① 뷰 방향

사용자가 보는 뷰의 방향을 정할 수 있다.

| 뷰 방향 설정 메뉴 |

② 뷰 회전

'뷰 회전' 버튼을 누르고 마우스 왼쪽 버튼을 누른 채로 드래그(상, 하, 좌, 우로 이동)
하면 커서 모양이 변경되고 화면 회전 모드로 전환되면서 화면이 회전한다. 마우스
휠을 누르고 드래그하여도 화면을 회전시킬 수 있다.

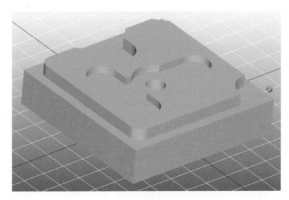

| 뷰 회전 모드 |

③ 이동

'이동' 버튼을 누르고 마우스 왼쪽 버튼을 누른 채로 드래그(상, 하, 좌, 우로 이동)하
면 커서 모양이 변경되고 화면 이동 모드로 전환되면서 화면이 이동된다.

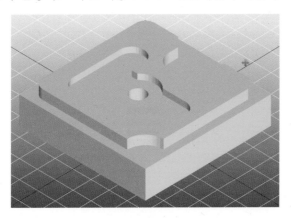

| 뷰 이동 모드 |

④ 전체보기

현재의 뷰 방향을 유지한 채로 화면에 공작물이 꽉 찬 상태로 그려진다.

⑤ 확대

화면을 확대해서 보여준다. 사용하는 마우스에 휠 버튼이 지원되는 경우, 마우스
휠을 밀면(위 → 아래 방향으로 스크롤하기) 화면이 확대된다.

⑥ 축소

화면을 축소해서 보여준다. 사용하는 마우스에 휠 버튼이 지원되는 경우, 마우스 휠을 당기면(아래→위 방향으로 스크롤하기) 화면이 축소된다.

⑦ 부분확대

'부분확대' 버튼을 누르고 마우스 왼쪽 버튼을 누르고 드래그를 시작하면 점선으로 사각형이 표시되고 다시 마우스 버튼을 떼면 표시된 사각 영역 내부에 들어오는 부분이 화면에 꽉 차게 표시된다.

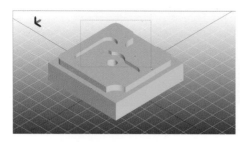

| 뷰 부분확대 모드 |

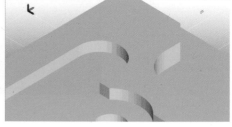

| 뷰가 부분확대된 결과 |

5) 환경설정

측정, 채점 기능을 포함하여 Veri-Mill 프로그램에 필요한 환경을 설정하는 기능이다.

① 측정

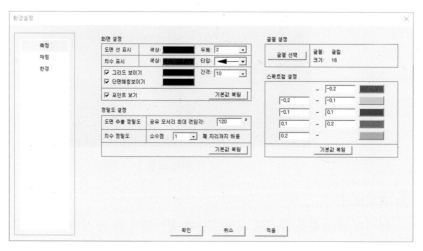

| 측정 기능 관련 설정 |

㉠ 화면 설정

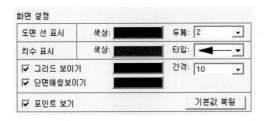

| 화면 설정 |

ⓐ 도면 선 표시 : 도면/검증 화면의 도면의 선 색상과 두께를 조절할 수 있으며, 두께는 1~10까지 설정할 수 있다.

ⓑ 치수 표시 : 측정 치수선의 색상과 화살촉 타입을 설정할 수 있다.

ⓒ 그리드 보이기 : 화면의 그리드의 색상과 그리드 선의 간격을 조절할 수 있으며, 간격은 5, 10, 15, 20 중에서 선택하여 나타낼 수 있다.

☑ 그리드 보이기   ☐ 그리드 보이기

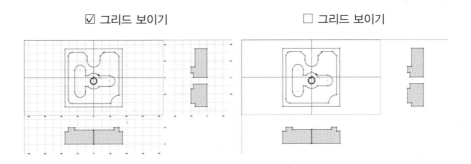

ⓓ 단면해칭 보이기 : 단면 해칭의 색상을 변경할 수 있다.

☑ 단면해칭 보이기   ☐ 단면해칭 보이기

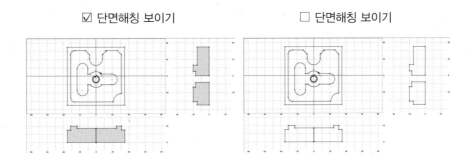

ⓔ 포인트 보기 : 도면의 끝점에 있는 포인트 표시 여부를 결정한다.

☑ 포인트 보기   ☐ 포인트 보기

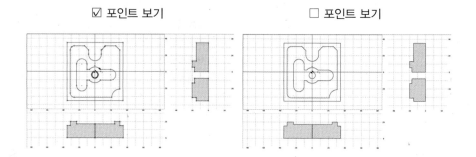

ⓕ 기본값 복원 : 화면 설정에 대해 시스템에서 권장하는 기본값으로 초기화된다.

ⓛ 정밀도 설정

ⓐ 도면 추출 정밀도 : 공작물 파일(*.stl)로부터 평면도로 추출할 공유 모서리의 최대 끼임각을 설정한다.

ⓑ 치수 정밀도 : 치수를 표기할 때의 소수점 자릿수를 0~4까지 설정할 수 있다.

ⓒ 기본값 복원 : '기본값 복원'을 클릭하면 정밀도 설정에 대해 시스템에서 권장하는 기본값으로 초기화된다.

ⓒ 글꼴 설정

'글꼴 선택' 버튼을 클릭하여 치수의 글꼴, 글꼴 스타일, 크기를 설정한다.

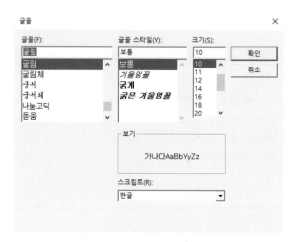

| 글꼴 설정 기능 |

ㄹ 스펙트럼 설정

'채점' 창의 표준 스펙트럼 값을 사용자 임의로 변경이 가능하며, 값을 변경할 경우에는 각각의 범위 값을 직접 입력한다. 색상을 변경할 경우에는 색 버튼을 클릭하여 원하는 색을 설정할 수 있다. 변경된 값은 시스템을 재실행해도 내부적으로 저장되어 유지된다.

- 기본값 복원 : 스펙트럼 설정에 대해 시스템에서 권장하는 기본값으로 초기화 한다.

② 채점

NC Data, 가공물, 가공조건의 3가지 탭으로 구성된 채점 기준을 입력할 수 있으며, 고려 대상에 제외하는 항목은 배점을 0으로 입력하면 된다.

ㄱ NC Data

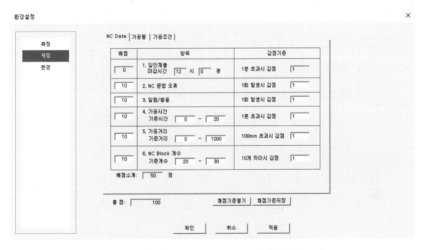

| 채점 기준 중 'NC Data' 관련 설정 |

ⓐ 답안제출 : 답안 제출 마감시간 기준 및 초과량에 대한 채점 기준을 설정한다.
- 답안 제출 초과시간=(제출시간-기준시간)의 총 분(minute) 수
- 답안 제출 초과시간≤ 0인 경우 : 득점=배점
- 답안 제출 초과시간> 0인 경우 : 득점=배점-초과 점수×감점
  득점< 0인 경우 득점은 0으로 한다.

ⓑ NC 문법 오류 : NC 문법 오류 발생 횟수에 대한 채점 기준을 설정한다.

- 제출한 NC Block 수 < 1인 경우 : 득점 = 0점
- 제출한 NC Block 수 > 0인 경우 : 득점 = 배점 - 문법오류횟수 × 감점

  득점 < 0인 경우 득점은 0으로 한다.

ⓒ 알람/충돌 : 가공 중에 발생한 알람/충돌 발생 횟수에 대한 채점 기준을 설정한다.

- 제출한 NC Block 수 < 1인 경우 : 득점 = 0점
- 제출한 NC Block 수 > 0인 경우 : 득점 = 배점 - 알람/충돌 횟수 × 감점

  득점 < 0인 경우 득점은 0으로 한다.

ⓓ 가공시간 : 가공시간 기준 및 초과량에 대한 채점 기준을 설정한다.

- 제출한 NC Block 수 < 1인 경우 : 득점 = 0점
- 제출한 NC Block 수 > 0인 경우 :

  득점 = 배점 - (가공시간 - 기준 가공시간) × 감점

  득점 < 0인 경우 득점은 0으로 한다.

ⓔ 가공거리 : 가공거리 기준 및 초과량에 대한 채점 기준을 설정한다.

- 제출한 NC Block 수 < 1인 경우 : 득점 = 0점
- 제출한 NC Block 수 > 0인 경우 :

  득점 = 배점 - (가공거리 - 기준 가공거리) × 감점

  득점 < 0인 경우 득점은 0으로 한다.

ⓕ NC Block 개수 : NC Block 개수 기준 및 초과량에 대한 채점 기준을 설정한다.

- 제출한 NC Block 수 < 1인 경우 : 득점 = 0점
- 제출한 NC Block 수 > 0인 경우 :

  득점 = 배점 - 기준을 초과한 NC Block 수 × 감점

  득점 < 0인 경우 득점은 0으로 한다.

ⓖ NC 채점 소계 계산

NC 채점 소계 = 답안 제출 마감시간 득점 + NC 문법 오류 득점 + 알람/충돌 득점

+ 가공시간 득점 + 가공거리 득점 + NC Block 개수 득점

ⓛ 가공물

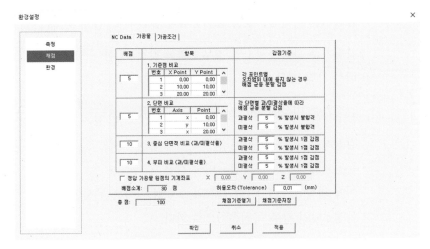

| 채점 기준 중 '가공물' 관련 설정 |

ⓐ 기준점 비교 : 가공물과 정답 파일 간에 차이 값이 오차 범위를 벗어나는 경우에
대해 체크할 기준점 위치를 N개 입력하고 배점을 입력한다.

- 득점＝배점× $\dfrac{\text{오차 범위를 벗어나지 않는 수}}{\text{기준점 개수}}$

- 기준점 개수가 0인 경우에는 득점＝배점

ⓑ 단면 비교 : 가공물과 정답 파일 간에 모든 지점에 대해 과절삭/미절삭 비율로
허용할 범위를 입력한다.

- 과삭 비율 계산 : $\dfrac{\text{과삭인 지점의 개수}}{\text{검사 대상점의 개수}} \times 100$

- 미삭 비율 계산 : $\dfrac{\text{미삭인 지점의 개수}}{\text{검사 대상점의 개수}} \times 100$

- 과절삭/미절삭 5% 발생 시 불합격 처리한다.

ⓒ 중심 단면적 비교 : 가공물과 정답 파일 간에 모든 지점에 대해 과절삭/미절삭
비율로 허용할 범위 및 배점을 입력한다.

- 과삭 비율 계산 : $\dfrac{\text{과삭인 지점의 개수}}{\text{검사 대상점의 개수}} \times 100$

- 미삭 비율 계산 : $\dfrac{\text{미삭인 지점의 개수}}{\text{검사 대상점의 개수}} \times 100$

- 과삭 감점 계산

  감점기준 과삭량> 0인 경우 : 과삭 감점 $= \dfrac{\text{과삭량}}{\text{감점기준 과삭량}}$

  감점기준 과삭량≤ 0인 경우 : 과삭 감점 = 0점

- 미삭 감점 계산

  감점기준 미삭량> 0인 경우 : 미삭 감점 $= \dfrac{\text{미삭량}}{\text{감점기준 미삭량}}$

  감점기준 미삭량≤ 0인 경우 : 미삭 감점 = 0점

- 득점＝배점－과삭 감점－미삭 감점

  이때 과삭 감점과 미삭 감점의 소수점 이하는 무시한다.

  득점< 0인 경우 득점은 0으로 한다.

ⓓ 부피 비교 : 가공물과 정답 파일 간에 부피 비교 시 과절삭/미절삭 비율로 허용할 범위 및 배점을 입력한다.

- 과삭 비율 계산 : $\dfrac{\text{과삭량(부피)}}{\text{정답 부피}} \times 100$

- 미삭 비율 계산 : $\dfrac{\text{미삭량(부피)}}{\text{정답 부피}} \times 100$

- 과삭 감점 계산

  감점기준 과삭량> 0인 경우 : 과삭 감점 $= \dfrac{\text{과삭량}}{\text{감점기준 과삭량}}$

  감점기준 과삭량≤ 0인 경우 : 과삭 감점 = 0점

- 미삭 감점 계산

  감점기준 미삭량> 0인 경우 : 미삭 감점 $= \dfrac{\text{미삭량}}{\text{감점기준 미삭량}}$

  감점기준 미삭량≤ 0인 경우 : 미삭 감점 = 0점

- 득점＝배점－과삭 감점－미삭 감점

  이때 과삭 감점과 미삭 감점의 소수점 이하는 무시한다.

  득점< 0인 경우 득점은 0으로 한다.

ⓔ 가공물 채점 소계 계산

  가공물 채점 소계＝가공물 기준점 득점＋가공물 단면 득점＋가공물 면적 득점
  ＋가공물 부피 득점

ⓒ 가공조건

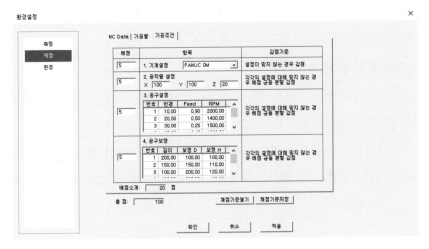

| 채점 기준 중 '가공조건' 관련 설정 |

ⓐ 기계 설정 : 컨트롤러 타입을 설정하고 배점을 입력한다. 설정이 맞지 않는 경우 배점만큼 감점한다.

ⓑ 공작물 설정 : X, Y, Z축 방향별 공작물의 기준 크기를 설정하고 배점을 입력한다.

$$득점 = 배점 \times \frac{X, Y, Z \ 방향의 \ 크기 \ 중 \ 기준과 \ 일치하는 \ 방향의 \ 개수}{3}$$

ⓒ 공구 설정 : 각 공구별 공구 반경, Feed, RPM 기준 및 배점을 입력한다.

- 답안에 공구 정보가 없는 경우 : 득점 = 0
- 답안에 공구 정보가 있는 경우 :

비교할 공구 개수 = 기준공구 개수와 제출한 공구 개수 중 작은 값

$$득점 = 배점 \times \frac{\substack{같은 \ 번호의 \ 기준공구와 \ 반경, \\ Feed, \ RPM이 \ 모두 \ 일치하는 공구의 \ 개수}}{비교할 \ 공구 \ 개수}$$

ⓓ 공구 보정 : 각 공구별 공구 길이, 보정값 D/H 및 배점을 입력한다.

- 답안에 공구 보정값 정보가 없는 경우 : 득점 = 0
- 답안에 공구 보정값 정보가 있는 경우 :

비교할 공구 개수 = 기준 보정값 개수와 제출한 보정값 개수 중 작은 값

$$득점 = 배점 \times \frac{\substack{같은 \ 번호의 \ 기준공구와 \ 길이, \\ 보정값 \ D/H가 \ 모두 \ 일치하는 \ 공구의 \ 개수}}{비교할 \ 공구 \ 개수}$$

ⓔ 가공조건 채점 소계 계산

가공조건 채점 소계＝기계 설정 득점＋공작물 설정 득점＋공구 설정 득점
＋공구 보정값 득점

ⓛ 총 득점 계산

총 득점＝NC Data 채점 소계＋가공물 채점 소계＋가공조건 채점 소계

ⓜ 채점 기준 열기

'채점기준열기' 버튼을 누르면 위 그림과 같이 채점 기준 엑셀 파일을 선택할 수
있는 창이 뜬다. 원하는 파일을 선택하고 '열기'를 누르면 채점 기준을 불러온다.

| 채점 기준 파일 열기 |

ⓗ 채점 기준 저장

환경설정 대화상자의 채점 탭에서 입력한 채점 기준을 엑셀 파일(*.xls)로 저장한다.

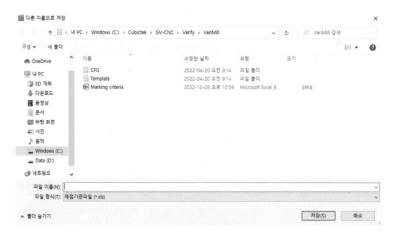

| 채점 기준 파일 저장 |

③ 환경

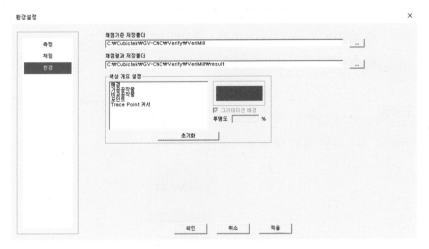

| 기타 환경설정 |

㉠ 채점기준 저장폴더

채점기준을 저장할 기본 경로를 지정한다. 우측의 […] 버튼을 눌러서 원하는 폴더를 선택할 수 있다. 채점 탭의 '채점기준저장' 버튼을 눌렀을 때, 이곳에서 설정한 경로가 초기 경로로 표시된다.

㉡ 채점결과 저장폴더

채점결과를 저장할 기본 경로를 지정한다. 우측의 […] 버튼을 눌러서 원하는 폴더를 선택할 수 있다. 채점 모드에서 채점 패널의 '채점하기' 버튼을 눌렀을 때, 이곳에서 설정한 경로가 초기 경로로 표시된다.

㉢ 색상 개요 설정

색상 개요 설정의 각 항목(①)을 클릭한 후 ②의 색상 영역을 마우스로 클릭하여 색을 설정할 수 있다.

| 색상 개요 설정 |

ⓐ 배경 : 그라데이션 여부를 설정할 수 있다.

ⓑ 가공공작물, 비교공작물 : 투명도를 비율 값을 입력하여 설정할 수 있다.

ⓒ 포인트, Trace Point 커서 : 색상만 변경할 수 있다.

ⓓ 초기화 : 환경설정에 대해 시스템에서 권장하는 기본값으로 초기화된다.

6) 도움말

도움말, 프로그램 정보 등을 표시하는 기능이다.

| 도움말 메뉴 |

① 도움말

Veri-Mill의 전체적인 사용방법을 볼 수 있는 도움말을 표시한다.

② VeriMill 정보

Veri-Mill의 현재 버전에 대한 자세한 정보를 보여주는 대화상자가 표시된다.

| Veri-Mill 정보 표시창 |

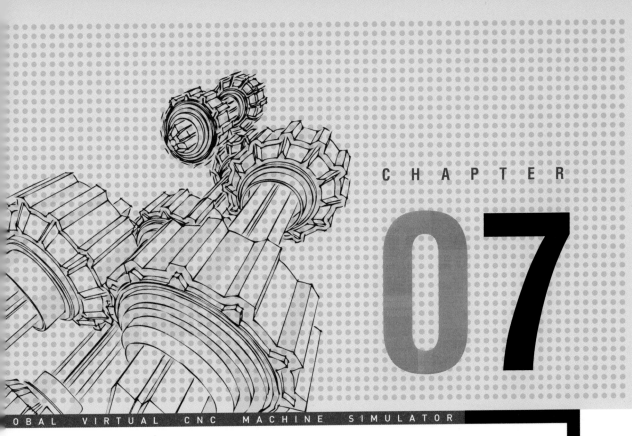

실습예제

1 컴퓨터응용선반기능사

1. 컴퓨터응용선반기능사 공개문제

1) 공개문제 1

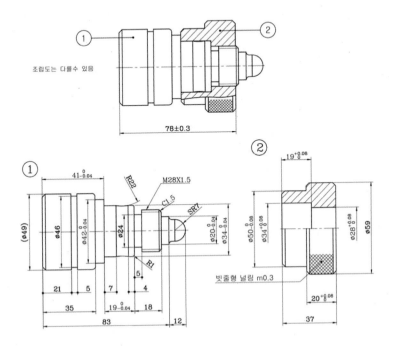

조립도는 다를수 있음

주서
1. 도시되고 지시되지 않은 라운드 R2
2. 도시되고 지시없는 모따기 C2

	M28×1.5 보통급	
수나사	외경	$27.968_{-0.236}^{0}$
	유효경	$26.994_{-0.150}^{0}$

공구번호	공구명	비고	공구번호	공구명	비고
T01	황삭 바이트		T05	홈 바이트	4mm
T03	정삭 바이트		T07	나사 바이트	

CNC선반 나사 절삭 데이터(참고용)										
절입 횟수	피치	1회	2회	3회	4회	5회	6회	7회	8회	계	비고
매회절삭	1.5	0.35	0.20	0.14	0.10	0.05	0.05	–	–	0.89	반경
깊이	2.0	0.35	0.25	0.19	0.12	0.10	0.08	0.05	0.05	1.19	

※ 아래 프로그램은 전체 길이만큼 수작업으로 가공한 상태에서 작성한 프로그램이다.
※ 아래 프로그램에서 점선은 각 과정(선반 프로그램 작성순서 참조)을 구분한 것이다.
※ 프로그램 작성 시 '공작물 회전'과 같은 한글은 작성하지 않는다.
※ 음영 처리된 부분은 원활한 조립성을 위하여 X27.8 가공을 권장한다.

```
%
O0001
G28 U0. W0.
G50 S2000

T0101
G96 S200 M03
G00 X55. Z5. M08
G71 U1.0 R0.5
G71 P10 Q20 U0.4 W0.2 F0.2
N10 G01 X-1.
Z0.
X45.
X49. Z-2.
Z-40.
N20 X55.
G00 X150. Z150. T0100 M09
M05
M00

T0303
G96 S200 M03
G00 X55. Z5. M08
G70 P10 Q20 F0.1
G00 X150. Z150. T0300 M09
M05
M00T0505
G97 S500 M03
G00 X55. Z-26. M08
G01 X46. F0.05
G04 P500
G01 X55.
Z-25.
G01 X46.
G04 P500
G01 X55.
G00 X150. Z150. T0500 M09
M05
M00

(공작물 회전)

T0101
G96 S200 M03
G00 X55. Z5. M08
G71 U1.0 R0.5
G71 P30 Q40 U0.4 W0.2 F0.2
N30 G01 X-1.
Z0.
X0.
G03 X14. Z-7. R7.
G01 Z-10.
G02 X18. Z-12. R2.
G01 X20.
Z-17.
```

```
X25.
X28. Z-18.5
Z-35.
X32.
G03 X34. Z-36. R1.
G01 Z-40.
G02 X34. Z-47. R22.
G01 Z-54.
X42.
Z-60.
X45.
G03 X49. Z-62. R2.
G01 Z-63.
N40 X55.
G00 X150. Z150. T0100 M09
M05
M00

T0303
G96 S200 M03
G00 X55. Z5. M08
G70 P30 Q40 F0.1
G00 X150. Z150. T0300 M09
M05
M00

T0505
G97 S500 M03
G00 X40. Z-35. M08
G01 X24. F0.05
G04 P500
G01 X40.
Z-34.
G01 X24.
G04 P500
G01 X40.
G00 X150. Z150. T0500 M09
M05
M00

T0707
G97 S500 M03
G00 X35. Z-10. M08
G76 P010060 Q50 R20
G76 P890 Q350 X26.22 Z-33. F1.5
G00 X150. Z150. T0700 M09
M05
M02
%
```

2) 공개문제 2

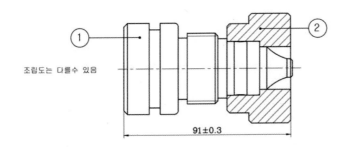

조립도는 다를수 있음

91±0.3

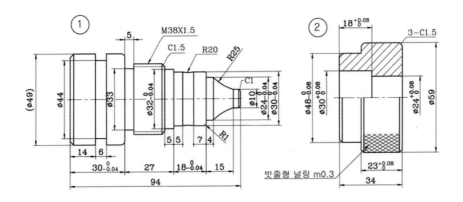

주서
1. 도시되고 지시되지 않은 라운드 R2
2. 도시되고 지시없는 모따기 C2

	M38×1.5 보통급	
수나사	외경	$37.968_{-0.236}^{0}$
	유효경	$36.994_{-0.150}^{0}$

공구번호	공구명	비고	공구번호	공구명	비고
T01	황삭 바이트		T05	홈 바이트	4mm
T03	정삭 바이트		T07	나사 바이트	

CNC선반 나사 절삭 데이터(참고용)											
절입 횟수	피치	1회	2회	3회	4회	5회	6회	7회	8회	계	비고
매회절삭 깊이	1.5	0.35	0.20	0.14	0.10	0.05	0.05	–	–	0.89	반경
	2.0	0.35	0.25	0.19	0.12	0.10	0.08	0.05	0.05	1.19	

※ 아래 프로그램은 전체 길이만큼 수작업으로 가공한 상태에서 작성한 프로그램이다.
※ 아래 프로그램에서 점선은 각 과정(선반 프로그램 작성순서 참조)을 구분한 것이다.
※ 프로그램 작성 시 '공작물 회전'과 같은 한글은 작성하지 않는다.
※ 음영 처리된 부분은 원활한 조립성을 위하여 X27.8 가공을 권장한다.

```
%
O0002
G28 U0. W0.
G50 S2000

T0101
G96 S200 M03
G00 X55. Z5. M08
G71 U1.0 R0.5
G71 P10 Q20 U0.4 W0.2 F0.2
N10 G01 X-1.
Z0.
X45.
X49. Z-2.
Z-35.
N20 X55.
G00 X150. Z150. T0100 M09
M05
M00

T0303
G96 S200 M03
G00 X55. Z5. M08
G70 P10 Q20 F0.1
G00 X150. Z150. T0300 M09
M05
M00

T0505
G97 S500 M03
G00 X55. Z-20. M08
G01 X44. F0.05
G04 P500
G01 X55.
Z-18.
G01 X44.
G04 P500
G01 X55.
G00 X150. Z150. T0500 M09
M05
M00

(공작물 회전)

T0101
G96 S200 M03
G00 X55. Z5. M08
G71 U1.0 R0.5
G71 P30 Q40 U0.4 W0.2 F0.2
N30 G01 X-1.
Z0.
X8.
X10. Z-1.
Z-4.
G02 X24. Z-15. R25.
G01 Z-19.
```

```
X28.
G03 X30. Z-20. R1.
G01 Z-26.
G02 X30. Z-32. R20.
G01 Z-37.
X32.
Z-42.
X35.
X38. Z-43.5
Z-64.
X45.
G03 X49. Z-66. R2.
G01 Z-67.
N40 X55.
G00 X150. Z150. T0100 M09
M05
M00

T0303
G96 S200 M03
G00 X55. Z5. M08
G70 P30 Q40 F0.1
G00 X150. Z150. T0300 M09
M05
M00

T0505
G97 S500 M03
G00 X45. Z-64. M08
G01 X33. F0.05
G04 P500
G01 X45.
Z-63.
G01 X33.
G04 P500
G01 X45.
G00 X150. Z150. T0500 M09
M05
M00

T0707
G97 S500 M03
G00 X45. Z-37. M08
G76 P010060 Q50 R20
G76 P890 Q350 X36.22 Z-62. F1.5
G00 X150. Z150. T0700 M09
M05
M02
%
```

3) 공개문제 3

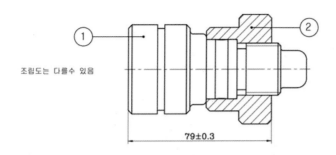

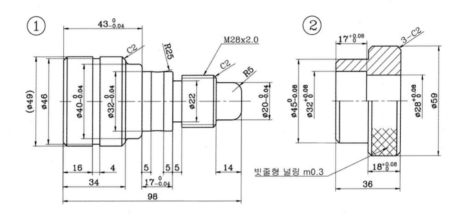

주서
1. 도시되고 지시되지 않은 라운드 R1
2. 도시되고 지시없는 모따기 C1

	M28×2.0 보통급	
수나사	외경	$27.962_{-0.280}^{0}$
	유효경	$26.663_{-0.170}^{0}$

공구번호	공구명	비고	공구번호	공구명	비고
T01	황삭 바이트		T05	홈 바이트	4mm
T03	정삭 바이트		T07	나사 바이트	

CNC선반 나사 절삭 데이터(참고용)										
절입 횟수	피치	1회	2회	3회	4회	5회	6회	7회	8회	계	비고
매회절삭 깊이	1.5	0.35	0.20	0.14	0.10	0.05	0.05	–	–	0.89	반경
	2.0	0.35	0.25	0.19	0.12	0.10	0.08	0.05	0.05	1.19	

※ 아래 프로그램은 전체 길이만큼 수작업으로 가공한 상태에서 작성한 프로그램이다.
※ 아래 프로그램에서 점선은 각 과정(선반 프로그램 작성순서 참조)을 구분한 것이다.
※ 프로그램 작성 시 '공작물 회전'과 같은 한글은 작성하지 않는다.
※ 음영 처리된 부분은 원활한 조립성을 위하여 X27.7 가공을 권장한다.

```
%
O0003
G28 U0. W0.
G50 S2000

T0101
G96 S200 M03
G00 X55. Z5. M08
G71 U1.0 R0.5
G71 P10 Q20 U0.4 W0.2 F0.2
N10 G01 X-1.
Z0.
X45.
X49. Z-2.
Z-40.
N20 X55.
G00 X150. Z150. T0100 M09
M05
M00

T0303
G96 S200 M03
G00 X55. Z5. M08
G70 P10 Q20 F0.1
G00 X150. Z150. T0300 M09
M05
M00

T0505
G97 S500 M03
G00 X55. Z-20. M08
G01 X46. F0.05
G04 P500
G01 X55.
G00 X150. Z150. T0500 M09
M05
M00

(공작물 회전)

T0101
G96 S200 M03
G00 X55. Z5. M08
G71 U1.0 R0.5
G71 P30 Q40 U0.4 W0.2 F0.2
N30 G01 X-1.
Z0.
X10.
G03 X20. Z-5. R5.
G01 Z-13.
G02 X22. Z-14. R1.
G01 X24.
X28. Z-16.
Z-38.
```

```
X30.
G03 X32. Z-39. R1.
G01 Z-43.
G02 X32. Z-50. R25.
G01 Z-55.
X38.
G03 X40. Z-56. R1.
G01 Z-63.
G02 X42. Z-64. R1.
G01 X45.
X49. Z-66.
Z-67.
N40 X55.
G00 X150. Z150. T0100 M09
M05
M00

T0303
G96 S200 M03
G00 X55. Z5. M08
G70 P30 Q40 F0.1
G00 X150. Z150. T0300 M09
M05
M00

T0505
G97 S500 M03
G00 X40. Z-38. M08
G01 X22. F0.05
G04 P500
G01 X40.
Z-37.
G01 X22.
G04 P500
G01 X40.
G00 X150. Z150. T0500 M09
M05
M00

T0707
G97 S500 M03
G00 X35. Z-5. M08
G76 P010060 Q50 R20
G76 P1190 Q350 X25.62 Z-36. F2.0
G00 X150. Z150. T0700 M09
M05
M02
%
```

4) 공개문제 4

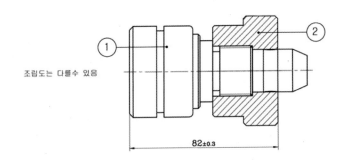

조립도는 다를수 있음

82±0.3

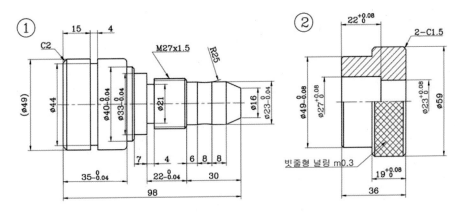

주서
1. 도시되고 지시되지 않은 라운드 R2
2. 도시되고 지시없는 모따기 C1

	M27×1.5 보통급	
수나사	외경	$26.968_{-0.236}^{0}$
	유효경	$25.994_{-0.150}^{0}$

공구번호	공구명	비고	공구번호	공구명	비고
T01	황삭 바이트		T05	홈 바이트	4mm
T03	정삭 바이트		T07	나사 바이트	

CNC선반 나사 절삭 데이터(참고용)										
절입 횟수	피치	1회	2회	3회	4회	5회	6회	7회	8회	계	비고
매회절삭	1.5	0.35	0.20	0.14	0.10	0.05	0.05	–	–	0.89	반경
깊이	2.0	0.35	0.25	0.19	0.12	0.10	0.08	0.05	0.05	1.19	

※ 아래 프로그램은 전체 길이만큼 수작업으로 가공한 상태에서 작성한 프로그램이다.
※ 아래 프로그램에서 점선은 각 과정(선반 프로그램 작성순서 참조)을 구분한 것이다.
※ 프로그램 작성 시 '공작물 회전'과 같은 한글은 작성하지 않는다.
※ 음영 처리된 부분은 원활한 조립성을 위하여 X26.8 가공을 권장한다.

%
O0004
G28 U0. W0.
G50 S2000

T0101
G96 S200 M03
G00 X55. Z5. M08
G71 U1.0 R0.5
G71 P10 Q20 U0.4 W0.2 F0.2
N10 G01 X-1.
Z0.
X45.
X49. Z-2.
Z-40.
N20 X55.
G00 X150. Z150. T0100 M09
M05
M00

T0303
G96 S200 M03
G00 X55. Z5. M08
G70 P10 Q20 F0.1
G00 X150. Z150. T0300 M09
M05
M00

T0505
G97 S500 M03
G00 X55. Z-19. M08
G01 X44. F0.05
G04 P500
G01 X55.
G00 X150. Z150. T0500 M09
M05
M00

(공작물 회전)

T0101
G96 S200 M03
G00 X55. Z5. M08
G71 U1.0 R0.5
G71 P30 Q40 U0.4 W0.2 F0.2
N30 G01 X-1.
Z0.
X16.
X23. Z-8.
Z-16.
G02 X23. Z-24. R25.
G01 Z-30.
X25.

X27. Z-31.
Z-52.
X33.
Z-59.
X38.
X40. Z-60.
Z-63.
X45.
G03 X49. Z-65. R2.
G01 Z-66.
N40 X55.
G00 X150. Z150. T0100 M09
M05
M00

T0303
G96 S200 M03
G00 X55. Z5. M08
G70 P30 Q40 F0.1
G00 X150. Z150. T0300 M09
M05
M00

T0505
G97 S500 M03
G00 X40. Z-52. M08
G01 X21. F0.05
G04 P500
G01 X40.
G00 X150. Z150. T0500 M09
M05
M00

T0707
G97 S500 M03
G00 X35. Z-25. M08
G76 P010060 Q50 R20
G76 P890 Q350 X25.22 Z-50. F1.5
G00 X150. Z150. T0700 M09
M05
M02
%

5) 공개문제 5

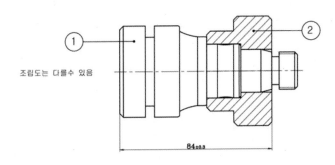

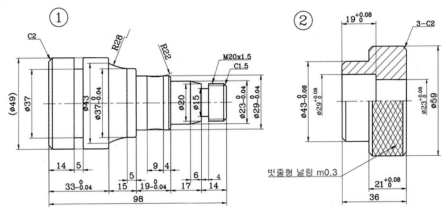

주서
1. 도시되고 지시되지 않은 라운드 R1
2. 도시되고 지시없는 모따기 C1

	M20×1.5 보통급	
수나사	외경	$19.968^{0}_{-0.236}$
	유효경	$18.994^{0}_{-0.140}$

공구번호	공구명	비고	공구번호	공구명	비고
T01	황삭 바이트		T05	홈 바이트	4mm
T03	정삭 바이트		T07	나사 바이트	

CNC선반 나사 절삭 데이터(참고용)										
절입 횟수	피치	1회	2회	3회	4회	5회	6회	7회	8회	계	비고
매회절삭	1.5	0.35	0.20	0.14	0.10	0.05	0.05	–	–	0.89	반경
깊이	2.0	0.35	0.25	0.19	0.12	0.10	0.08	0.05	0.05	1.19	

※ 아래 프로그램은 전체 길이만큼 수작업으로 가공한 상태에서 작성한 프로그램이다.
※ 아래 프로그램에서 점선은 각 과정(선반 프로그램 작성순서 참조)을 구분한 것이다.
※ 프로그램 작성 시 '공작물 회전'과 같은 한글은 작성하지 않는다.
※ 음영 처리된 부분은 원활한 조립성을 위하여 X19.8 가공을 권장한다.

% O0005 G28 U0. W0. G50 S2000	X23. Z-20. Z-31. X27. X29. Z-32. Z-35. G02 X29. Z-44. R22. G01 Z-50. X35. G03 X37. Z-51. R1. G01 Z-55. G02 X43. Z-65. R28. G01 X47. G03 X49. Z-66. R1. G01 Z-67. N40 X55. G00 X150. Z150. T0100 M09 M05 M00
T0101 G96 S200 M03 G00 X55. Z5. M08 G71 U1.0 R0.5 G71 P10 Q20 U0.4 W0.2 F0.2 N10 G01 X-1. Z0. X45. X49. Z-2. Z-40. N20 X55. G00 X150. Z150. T0100 M09 M05 M00	
T0303 G96 S200 M03 G00 X55. Z5. M08 G70 P10 Q20 F0.1 G00 X150. Z150. T0300 M09 M05 M00	T0303 G96 S200 M03 G00 X55. Z5. M08 G70 P30 Q40 F0.1 G00 X150. Z150. T0300 M09 M05 M00
T0505 G97 S500 M03 G00 X55. Z-19. M08 G01 X37. F0.05 G04 P500 G01 X55. Z-18. G01 X37. G04 P500 G01 X55. G00 X150. Z150. T0500 M09 M05 M00	T0505 G97 S500 M03 G00 X30. Z-14. M08 G01 X15. F0.05 G04 P500 G01 X30. G00 X150. Z150. T0500 M09 M05 M00
(공작물 회전)	T0707 G97 S500 M03 G00 X35. Z5. M08 G76 P010060 Q50 R20 G76 P890 Q350 X18.22 Z-12. F1.5 G00 X150. Z150. T0700 M09 M05 M02 %
T0101 G96 S200 M03 G00 X55. Z5. M08 G71 U1.0 R0.5 G71 P30 Q40 U0.4 W0.2 F0.2 N30 G01 X-1. Z0. X17. X20. Z-1.5 Z-14.	

6) 공개문제 6

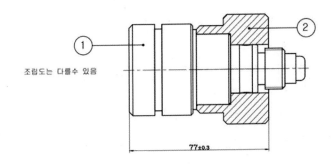

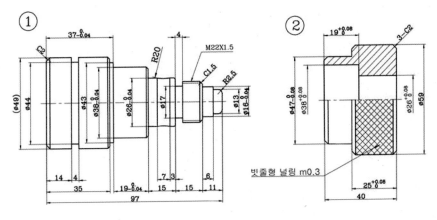

주서

1. 도시되고 지시되지 않은 라운드 R1
2. 도시되고 지시없는 모따기 C1

	M22×1.5 보통급	
수나사	외경	$22.968_{-0.236}^{0}$
	유효경	$20.994_{-0.140}^{0}$

공구번호	공구명	비고	공구번호	공구명	비고
T01	황삭 바이트		T05	홈 바이트	4mm
T03	정삭 바이트		T07	나사 바이트	

CNC선반 나사 절삭 데이터(참고용)										
절입 횟수	피치	1회	2회	3회	4회	5회	6회	7회	8회	계	비고
매회절삭 깊이	1.5	0.35	0.20	0.14	0.10	0.05	0.05	−	−	0.89	반경
	2.0	0.35	0.25	0.19	0.12	0.10	0.08	0.05	0.05	1.19	

※ 아래 프로그램은 전체 길이만큼 수작업으로 가공한 상태에서 작성한 프로그램이다.
※ 아래 프로그램에서 점선은 각 과정(선반 프로그램 작성순서 참조)을 구분한 것이다.
※ 프로그램 작성 시 '공작물 회전'과 같은 한글은 작성하지 않는다.
※ 음영 처리된 부분은 원활한 조립성을 위하여 X21.8 가공을 권장한다.

% O0006 G28 U0. W0. G50 S2000	Z-26. X24. G03 X26. Z-27. R1. G01 Z-29. G02 X26. Z-36. R20. G01 Z-41. X36. X38. Z-42. Z-60. X43. Z-62. X47. X49. Z-63. Z-64. N40 X55. G00 X150. Z150. T0100 M09 M05 M00
T0101 G96 S200 M03 G00 X55. Z5. M08 G71 U1.0 R0.5 G71 P10 Q20 U0.4 W0.2 F0.2 N10 G01 X-1. Z0. X45. X49. Z-2. Z-40. N20 X55. G00 X150. Z150. T0100 M09 M05 M00	
T0303 G96 S200 M03 G00 X55. Z5. M08 G70 P10 Q20 F0.1 G00 X150. Z150. T0300 M09 M05 M00	T0303 G96 S200 M03 G00 X55. Z5. M08 G70 P30 Q40 F0.1 G00 X150. Z150. T0300 M09 M05 M00
T0505 G97 S500 M03 G00 X55. Z-18. M08 G01 X44. F0.05 G04 P500 G01 X55. G00 X150. Z150. T0500 M09 M05 M00	T0505 G97 S500 M03 G00 X35. Z-26. M08 G01 X17. F0.05 G04 P500 G01 X35. G00 X150. Z150. T0500 M09 M05 M00
(공작물 회전)	T0707 G97 S500 M03 G00 X30. Z-5. M08 G76 P010060 Q50 R20 G76 P890 Q350 X20.22 Z-24. F1.5 G00 X150. Z150. T0700 M09 M05 M02 %
T0101 G96 S200 M03 G00 X55. Z5. M08 G71 U1.0 R0.5 G71 P30 Q40 U0.4 W0.2 F0.2 N30 G01 X-1. Z0. X8. G03 X13. Z-2.5 R2.5 G01 Z-5. X16. Z-11. X19. X22. Z-12.5	

7) 공개문제 7

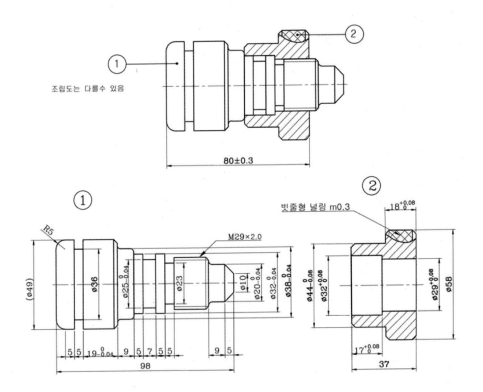

주서
1. 도시되고 지시되지 않은 라운드 R2
2. 도시되고 지시없는 모따기 C1

	M29×2.0 보통급	
수나사	외경	$28.968^{\ 0}_{-0.236}$
	유효경	$27.701^{\ 0}_{-0.150}$

공구번호	공구명	비고	공구번호	공구명	비고
T01	황삭 바이트		T05	홈 바이트	4mm
T03	정삭 바이트		T07	나사 바이트	

CNC선반 나사 절삭 데이터(참고용)											
절입 횟수	피치	1회	2회	3회	4회	5회	6회	7회	8회	계	비고
매회절삭 깊이	1.5	0.35	0.20	0.14	0.10	0.05	0.05	–	–	0.89	반경
	2.0	0.35	0.25	0.19	0.12	0.10	0.08	0.05	0.05	1.19	

※ 아래 프로그램은 전체 길이만큼 수작업으로 가공한 상태에서 작성한 프로그램이다.
※ 아래 프로그램에서 점선은 각 과정(선반 프로그램 작성순서 참조)을 구분한 것이다.
※ 프로그램 작성 시 '공작물 회전'과 같은 한글은 작성하지 않는다.
※ 음영 처리된 부분은 원활한 조립성을 위하여 X28.8 가공을 권장한다.

```
%
O0007
G28 U0. W0.
G50 S2000

T0101
G96 S200 M03
G00 X55. Z5. M08
G71 U1.0 R0.5
G71 P10 Q20 U0.4 W0.2 F0.2
N10 G01 X-1.
Z0.
X39.
G03 X49. Z-5. R5.
G01 Z-40.
N20 X55.
G00 X150. Z150. T0100 M09
M05
M00

T0303
G96 S200 M03
G00 X55. Z5. M08
G70 P10 Q20 F0.1
G00 X150. Z150. T0300 M09
M05
M00

T0505
G97 S500 M03
G00 X55. Z-15. M08
G01 X36. F0.05
G04 P500
G01 X55.
Z-14.
G01 X36.
G04 P500
G01 X55.
G00 X150. Z150. T0500 M09
M05
M00

(공작물 회전)

T0101
G96 S200 M03
G00 X55. Z5. M08
G71 U1.0 R0.5
G71 P30 Q40 U0.4 W0.2 F0.2
N30 G01 X-1.
Z0.
X10.
X20. Z-5.
Z-12.
G02 X24. Z-14. R2.
G01 X25.
X29. Z-16.
```

```
Z-38.
X32.
Z-55.
X34.
G03 X38. Z-57. R2.
G01 Z-62.
G02 X42. Z-64. R2.
G01 X45.
X49. Z-66.
Z-67.
N40 X55.
G00 X150. Z150. T0100 M09
M05
M00

T0303
G96 S200 M03
G00 X55. Z5. M08
G70 P30 Q40 F0.1
G00 X150. Z150. T0300 M09
M05
M00

T0505
G97 S500 M03
G00 X40. Z-50. M08
G01 X25. F0.05
G04 P500
G01 X40.
Z-47.
G01 X25.
G04 P500
G01 X40.
Z-38.
G01 X23.
G04 P500
G01 X40.
Z-37.
G01 X23.
G04 P500
G01 X40.
G00 X150. Z150. T0500 M09
M05
M00

T0707
G97 S500 M03
G00 X35. Z-10. M08
G76 P010060 Q50 R20
G76 P1190 Q350 X26.62 Z-36. F2.0
G00 X150. Z150. T0700 M09
M05
M02
%
```

❷ 컴퓨터응용가공산업기사

1. 머시닝센터가공작업 공개문제

1) 공개문제 1

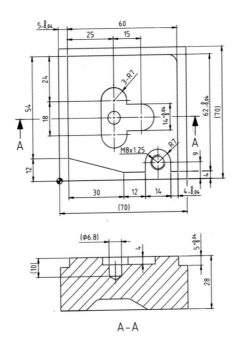

A-A

주서
1. 도시되고 지시없는 모따기 및 라운드는 C5, R5
2. 일반 모따기 C0.2~0.3
3. 나사 탭 M8×1.25, 관통

공구번호	공구명	비고	공구번호	공구명	비고
T01	평엔드밀	$\phi10$	T07	볼엔드밀	$\phi6$
T02	센터드릴	$\phi3$	T08	볼엔드밀	$\phi8$
T03	드릴	$\phi6.8$	T09	볼엔드밀	$\phi10$
T04	탭	M8×1.25	T10	페이스커터	$\phi100$
T05	챔퍼밀	$\phi6×45°$	T20	터치센터	$\phi10$
T06	볼엔드밀	$\phi4$	T21	아큐센터	$\phi10$

※ 아래 프로그램은 공작물의 높이(Z값)만큼 페이스커터를 사용하여 수작업으로 가공한 상태에서 작성한 프로그램이다.

```
%
O0001
G40 G49 G54 G80 G90

T02 M06
S1000 M03
G00 X30. Y35.
G43 H02 Z200.
Z20. M08
G81 G99 Z-3. R5. F100
X54. Y13.
G00 Z20.
G80 M09
G00 G49 Z200.
M05
M00

T03 M06
S1000 M03
G00 X30. Y35.
G43 H03 Z200.
Z20. M08
G83 G99 Z-12. R5. Q3. F100
X54. Y13. Z-32.
G00 Z20.
G80 M09
G00 G49 Z200.
M05
M00

T04 M06
S100 M03
G00 X54. Y13.
G43 H04 Z200.
Z20. M08
G84 G99 Z-32. R5. F125
G00 Z20.
G80 M09
G00 G49 Z200.
M05
M00

T01 M06
S2000 M03
G00 X-15. Y-15.
G43 H01 Z200.
Z20. M08
```

```
G01 Z-5. F200
G41 D01 G01 X5.
Y66.
X65.
Y4.
X5.
Y66.
X60.
G02 X65. Y61. R5.
G01 Y4.
X61.
Y13.
G03 X47. R7.
G01 Y4.
X35.
X5. Y12.
Y17.
X-15.
Y-15.
G00 Z20.
G40 X30. Y35.
G01 Z-4.
G41 X23. D01
Y26.
G03 X37. R7.
G01 Y28.
X45.
G03 Y42. R7.
G01 X45.
X37.
Y44.
G03 X23. R7.
G01 Y35.
G00 Z20.
G40 M09
G00 G49 Z200.
M05
M02
%
```

2) 공개문제 2

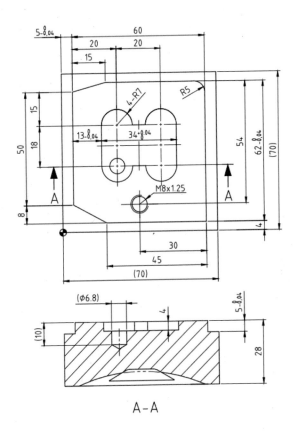

A-A

주서
1. 도시되고 지시없는 모따기 및 라운드는 C5, R5
2. 일반 모따기 C0.2~0.3
3. 나사 탭 M8×1.25, 관통

공구번호	공구명	비고	공구번호	공구명	비고
T01	평엔드밀	$\phi10$	T07	볼엔드밀	$\phi6$
T02	센터드릴	$\phi3$	T08	볼엔드밀	$\phi8$
T03	드릴	$\phi6.8$	T09	볼엔드밀	$\phi10$
T04	탭	M8×1.25	T10	페이스커터	$\phi100$
T05	챔퍼밀	$\phi6\times45°$	T20	터치센터	$\phi10$
T06	볼엔드밀	$\phi4$	T21	아큐센터	$\phi10$

※ 아래 프로그램은 공작물의 높이(Z값)만큼 페이스커터를 사용하여 수작업으로 가공한 상태에서 작성한 프로그램이다.

```
%
O0002
G40 G49 G54 G80 G90

T02 M06
S1000 M03
G00 X25. Y29.
G43 H02 Z200.
Z20. M08
G81 G99 Z-3. R5. F100
X35. Y12.
G00 Z20.
G80 M09
G00 G49 Z200.
M05
M00

T03 M06
S1000 M03
G00 X25. Y29.
G43 H03 Z200.
Z20. M08
G83 G99 Z-12. R5. Q3. F100
X35. Y12. Z-32.
G00 Z20.
G80 M09
G00 G49 Z200.
M05
M00

T04 M06
S100 M03
G00 X35. Y12.
G43 H04 Z200.
Z20. M08
G84 G99 Z-32. R5. F125
G00 Z20.
G80 M09
G00 G49 Z200.
M05
M00

T01 M06
S2000 M03
G00 X-15. Y-15.
G43 H01 Z200.
Z20. M08
```

```
G01 Z-5. F200
G41 D01 G01 X5.
Y66.
X65.
Y4.
X5.
Y62.
X20. Y66.
X60.
G02 X65. Y61. R5.
G01 Y4.
X20.
X5. Y12.
Y14.
X-15.
Y-15.
G00 Z20.
G40 X25. Y29.
G01 Z-4.
G41 G01 X18. D01
G03 X32. R7.
G01 X38.
G03 X52. R7.
G01 Y47.
G03 X38. R7.
G01 X32.
G03 X18. R7.
G01 Y29.
G00 Z20.
G40 M09
G00 G49 Z200.
M05
M02
%
```

3) 공개문제 3

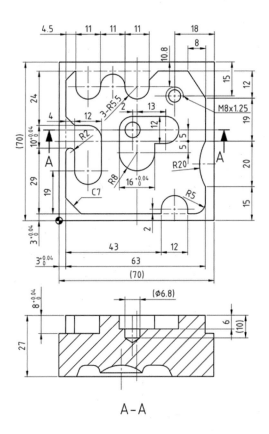

A-A

주서
1. 도시되고 지시없는 모따기 및 라운드는 C5, R5
2. 일반 모따기 C0.2~0.3
3. 나사 탭 M8×1.25, 관통

공구번호	공구명	비고	공구번호	공구명	비고
T01	평엔드밀	$\phi10$	T07	볼엔드밀	$\phi6$
T02	센터드릴	$\phi3$	T08	볼엔드밀	$\phi8$
T03	드릴	$\phi6.8$	T09	볼엔드밀	$\phi10$
T04	탭	M8×1.25	T10	페이스커터	$\phi100$
T05	챔퍼밀	$\phi6\times45°$	T20	터치센터	$\phi10$
T06	볼엔드밀	$\phi4$	T21	아큐센터	$\phi10$

※ 아래 프로그램은 공작물의 높이(Z값)만큼 페이스커터를 사용하여 수작업으로 가공한 상태에서 작성한 프로그램이다.

```
%                              G01 Z-4. F200
O0003                          G41 D01 G01 X3.
G40 G49 G54 G80 G90            Y66.
                               X66.
T02 M06                        Y3.
S1000 M03                      X-15.
G00 X33. Y40.                  Y-15.
G43 H02 Z200.                  X3.
Z20. M08                       Y30.
G81 G99 Z-3. R5. F100          G02 X7. R2.
X52. Y55.                      G01 Y22.
G00 Z20.                       G03 X19. R6.
G80 M09                        G01 Y36.
G00 G49 Z200.                  G03 X13. Y42. R6.
M05                            G01 X7.
M00                            X3. Y46.
                               Y62.
T03 M06                        X7.5 Y66.
S1000 M03                      Y59.2
G00 X33. Y40.                  G03 X18.5 R5.5
G43 H03 Z200.                  G02 X29.5 R5.5
Z20. M08                       G03 X40.5 R5.5
G83 G99 Z-12. R5. Q3. F100     G01 Y62.
X52. Y55. Z-32.                X44.5 Y66.
G00 Z20.                       X58.
G80 M09                        X66. Y54.
G00 G49 Z200.                  Y35.
M05                            G03 Y15. R20.
M00                            G01 Y8.
                               G02 X61. Y3. R5.
T04 M06                        G01 X58.
S100 M03                       Y5.
G00 X52. Y55.                  G03 X46. R6.
G43 H04 Z200.                  G01 Y3.
Z20. M08                       X-15.
G84 G99 Z-32. R5. F125         Y-15.
G00 Z20.                       G01 Z-8.
G80 M09                        X3.
G00 G49 Z200.                  Y66.
M05                            X66.
M00                            Y3.
                               X-15.
T01 M06                        Y-15.
S2000 M03                      X3.
G00 X-15. Y-15.                Y30.
G43 H01 Z200.                  G02 X7. R2.
Z20. M08                       G01 Y22.
```

```
G03 X19. R6.
G01 Y36.
G03 X13. Y42. R6.
G01 X7.
X3. Y46.
Y62.
X7.5 Y66.
Y59.2
G03 X18.5 R5.5
G02 X29.5 R5.5
G03 X40.5 R5.5
G01 Y62.
X44.5 Y66.
X58.
X66. Y54.
Y35.
G03 Y15. R20.
G01 Y8.
G02 X61. Y3. R5.
G01 X58.
Y5.
G03 X46. R6.
G01 Y3.
X10.
X3. Y10.
Y15.
G00 Z20.
G40 X33. Y40.
G01 Z-6.
G41 X27. D01
Y30.
G03 X43. R8.
G01 Y34.
X48.
G03 Y46. R6.
G01 X33.
G03 X27. Y40. R6.
G00 Z20.
G40 M09
G00 G49 Z200.
M05
M02
%
```

4) 공개문제 4

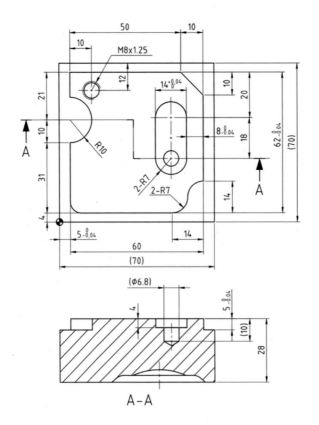

주서
1. 도시되고 지시없는 모따기 및 라운드는 C5, R5
2. 일반 모따기 C0.2~0.3
3. 나사 탭 M8×1.25, 관통

공구번호	공구명	비고	공구번호	공구명	비고
T01	평엔드밀	$\phi10$	T07	볼엔드밀	$\phi6$
T02	센터드릴	$\phi3$	T08	볼엔드밀	$\phi8$
T03	드릴	$\phi6.8$	T09	볼엔드밀	$\phi10$
T04	탭	M8×1.25	T10	페이스커터	$\phi100$
T05	챔퍼밀	$\phi6×45°$	T20	터치센터	$\phi10$
T06	볼엔드밀	$\phi4$	T21	아큐센터	$\phi10$

※ 아래 프로그램은 공작물의 높이(Z값)만큼 페이스커터를 사용하여 수작업으로 가공한 상태에서 작성한 프로그램이다.

```
%                                    G01 Z-5. F200
O0004                                G41 D01 G01 X5.
G40 G49 G54 G80 G90                  Y66.
                                     X65.
T02 M06                              Y4.
S1000 M03                            X10.
G00 X50. Y28.                        G02 X5. Y9. R5.
G43 H02 Z200.                        G01 Y35.
Z20. M08                             G03 Y55. R10.
G81 G99 Z-3. R5. F100                G01 Y66.
X15. Y58.                            X55.
G00 Z20.                             X65. Y56.
G80 M09                              Y18.
G00 G49 Z200.                        G03 X58. Y11. R7.
M05                                  G02 X51. Y4. R7.
M00                                  G01 X-15.
                                     Y-15.
                                     G00 Z20.
T03 M06                              G40 X50. Y28.
S1000 M03                            G01 Z-4.
G00 X50. Y28.                        G41 X43. D01
G43 H03 Z200.                        G03 X57. R7.
Z20. M08                             G01 Y46.
G83 G99 Z-12. R5. Q3. F100           G03 X43. R7.
X15. Y58. Z-32.                      G01 Y28.
G00 Z20.                             G00 Z20.
G80 M09                              G40 M09
G00 G49 Z200.                        G00 G49 Z200.
M05                                  M05
M00                                  M02
                                     %
T04 M06
S100 M03
G00 X15. Y58.
G43 H04 Z200.
Z20. M08
G84 G99 Z-32. R5. F125
G00 Z20.
G80 M09
G00 G49 Z200.
M05
M00

T01 M06
S2000 M03
G00 X-15. Y-15.
G43 H01 Z200.
Z20. M08
```

5) 공개문제 5

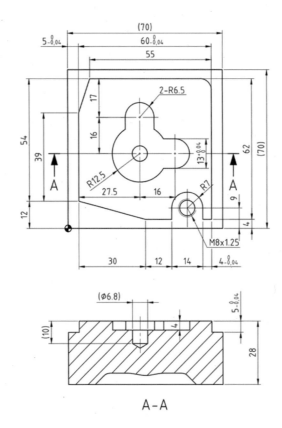

A-A

주서
1. 도시되고 지시없는 모따기 및 라운드는 C5, R5
2. 일반 모따기 C0.2~0.3
3. 나사 탭 M8×1.25, 관통

공구번호	공구명	비고	공구번호	공구명	비고
T01	평엔드밀	$\phi10$	T07	볼엔드밀	$\phi6$
T02	센터드릴	$\phi3$	T08	볼엔드밀	$\phi8$
T03	드릴	$\phi6.8$	T09	볼엔드밀	$\phi10$
T04	탭	M8×1.25	T10	페이스커터	$\phi100$
T05	챔퍼밀	$\phi6×45°$	T20	터치센터	$\phi10$
T06	볼엔드밀	$\phi4$	T21	아큐센터	$\phi10$

※ 아래 프로그램은 공작물의 높이(Z값)만큼 페이스커터를 사용하여 수작업으로 가공한 상태에서 작성한 프로그램이다.

```
%                              G01 Z−5. F200
O0005                          G41 D01 G01 X5.
G40 G49 G54 G80 G90            Y66.
                               X65.
T02 M06                        Y4.
S1000 M03                      X5.
G00 X32.5 Y33.                 Y51.
G43 H02 Z200.                  X10. Y66.
Z20. M08                       X60.
G81 G99 Z−3. R5. F100          G02 X65. Y61. R5.
X54. Y9.                       G01 Y4.
G00 Z20.                       X61.
G80 M09                        Y9.
G00 G49 Z200.                  G03 X47. R7.
M05                            G01 Y4.
M00                            X35.
                               X5. Y12.
T03 M06                        Y17.
S1000 M03                      X−15.
G00 X32.5 Y33.                 Y−15.
G43 H03 Z200.                  G00 Z20.
Z20. M08                       G40 X32.5 Y33.
G83 G99 Z−12. R5. Q3. F100     G01 Z−4.
X54. Y9. Z−32.                 G41 Y26.5 D01
G00 Z20.                       X48.5
G80 M09                        G03 Y39.5 R6.5
G00 G49 Z200.                  G01 X39.
M05                            Y49.
M00                            G03 X26. R6.5
                               G01 Y33.
T04 M06                        G40 X32.5
S100 M03                       G41 Y20.5 D01
G00 X54. Y9.                   G03 J12.5
G43 H04 Z200.                  G00 Z20.
Z20. M08                       G40 M09
G84 G99 Z−32. R5. F125         G00 G49 Z200.
G00 Z20.                       M05
G80 M09                        M02
G00 G49 Z200.                  %
M05
M00

T01 M06
S2000 M03
G00 X−15. Y−15.
G43 H01 Z200.
Z20. M08
```

6) 공개문제 6

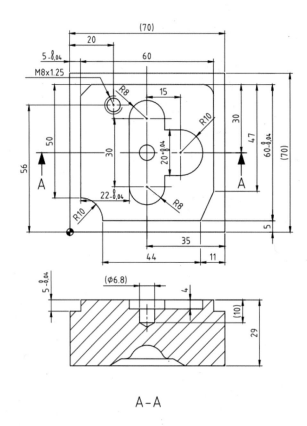

A-A

주서
1. 도시되고 지시없는 모따기 및 라운드는 C5, R5
2. 일반 모따기 C0.2~0.3
3. 나사 탭 M8×1.25, 관통

공구번호	공구명	비고	공구번호	공구명	비고
T01	평엔드밀	$\phi 10$	T07	볼엔드밀	$\phi 6$
T02	센터드릴	$\phi 3$	T08	볼엔드밀	$\phi 8$
T03	드릴	$\phi 6.8$	T09	볼엔드밀	$\phi 10$
T04	탭	M8×1.25	T10	페이스커터	$\phi 100$
T05	챔퍼밀	$\phi 6 \times 45°$	T20	터치센터	$\phi 10$
T06	볼엔드밀	$\phi 4$	T21	아큐센터	$\phi 10$

※ 아래 프로그램은 공작물의 높이(Z값)만큼 페이스커터를 사용하여 수작업으로 가공한 상태에서 작성한 프로그램이다.

```
%
O0006
G40 G49 G54 G80 G90

T02 M06
S1000 M03
G00 X35. Y35.
G43 H02 Z200.
Z20. M08
G81 G99 Z-3. R5. F100
X20. Y56.
G00 Z20.
G80 M09
G00 G49 Z200.
M05
M00

T03 M06
S1000 M03
G00 X35. Y35.
G43 H03 Z200.
Z20. M08
G83 G99 Z-12. R5. Q3. F100
X20. Y56. Z-32.
G00 Z20.
G80 M09
G00 G49 Z200.
M05
M00

T04 M06
S100 M03
G00 X20. Y56.
G43 H04 Z200.
Z20. M08
G84 G99 Z-32. R5. F125
G00 Z20.
G80 M09
G00 G49 Z200.
M05
M00

T01 M06
S2000 M03
G00 X-15. Y-15.
G43 H01 Z200.
Z20. M08
```

```
G01 Z-5. F200
G41 D01 G01 X5.
Y65.
X65.
Y5.
X5.
Y60.
X10. Y65.
X60.
G02 X65. Y60. R5.
G01 Y18.
X59. Y5.
X15.
G03 X5. Y15. R10.
G01 Y20.
X-15.
Y-15.
G00 Z20.
G40 X35. Y35.
G01 Z-4.
G41 X27. D01
Y20.
G03 X43. R8.
G01 Y25.
X50.
G03 Y45. R10.
G01 X43.
Y50.
G03 X27. R8.
G01 Y35.
G00 Z20.
G40 M09
G00 G49 Z200.
M05
M02
%
```

7) 공개문제 7

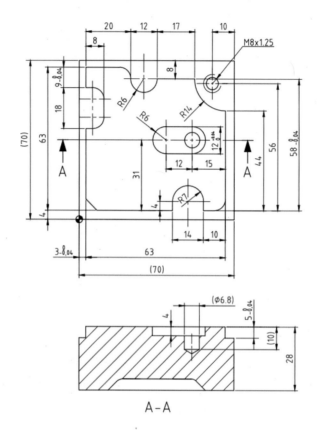

A-A

주서
1. 도시되고 지시없는 모따기 및 라운드는 C5, R5
2. 일반 모따기 C0.2~0.3
3. 나사 탭 M8×1.25, 관통

공구번호	공구명	비고	공구번호	공구명	비고
T01	평엔드밀	$\phi10$	T07	볼엔드밀	$\phi6$
T02	센터드릴	$\phi3$	T08	볼엔드밀	$\phi8$
T03	드릴	$\phi6.8$	T09	볼엔드밀	$\phi10$
T04	탭	M8×1.25	T10	페이스커터	$\phi100$
T05	챔퍼밀	$\phi6×45°$	T20	터치센터	$\phi10$
T06	볼엔드밀	$\phi4$	T21	아큐센터	$\phi10$

※ 아래 프로그램은 공작물의 높이(Z값)만큼 페이스커터를 사용하여 수작업으로 가공한 상태에서 작성한 프로그램이다.

```
%
O0007
G40 G49 G54 G80 G90

T02 M06
S1000 M03
G00 X51. Y35.
G43 H02 Z200.
Z20. M08
G81 G99 Z-3. R5. F100
X60. Y60.
G00 Z20.
G80 M09
G00 G49 Z200.
M05
M00

T03 M06
S1000 M03
G00 X51. Y35.
G43 H03 Z200.
Z20. M08
G83 G99 Z-12. R5. Q3. F100
X60. Y60. Z-32.
G00 Z20.
G80 M09
G00 G49 Z200.
M05
M00

T04 M06
S100 M03
G00 X60. Y60.
G43 H04 Z200.
Z20. M08
G84 G99 Z-32. R5. F125
G00 Z20.
G80 M09
G00 G49 Z200.
M05
M00

T01 M06
S2000 M03
G00 X-15. Y-15.
G43 H01 Z200.
Z20. M08
```

```
G01 Z-5. F200
G41 D01 G01 X3.
Y67.
X62.
Y58.
X66.
Y4.
X8.
X3. Y9.
Y40.
X6.
G03 X11. Y45. R5.
G01 Y53.
G03 X6. Y58. R5.
G01 X3.
Y67.
X18.
G02 X23. Y62. R5.
G03 X35. R6.
G01 X52.
G03 X66. Y48. R14.
G01 Y9.
G02 X61. Y4. R5.
G01 X56.
Y8.
G03 X42. R7.
G01 Y4.
X-15.
Y-15.
G00 Z20.
G40 X51. Y35.
G01 Z-4.
G41 Y29. D01
G03 Y41. R6.
G01 X39.
G03 Y29. R6.
G01 X51.
G00 Z20.
G40 M09
G00 G49 Z200.
M05
M02
%
```

2. CNC선반가공작업 공개문제

1) 공개문제 1

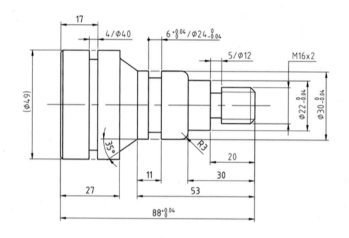

주서
1. 도시되고 지시없는 모따기 C1
2. 일반 모따기 C0.2~0.3

	M16×2.0 보통급	
수나사	외경	$15.962^{\ 0}_{-0.28}$
	유효경	$14.663^{\ 0}_{-0.16}$

공구번호	공구명	비고	공구번호	공구명	비고
T01	황삭 바이트		T05	홈 바이트	4mm
T03	정삭 바이트		T07	나사 바이트	

CNC선반 나사 절삭 데이터(참고용)											
절입 횟수	피치	1회	2회	3회	4회	5회	6회	7회	8회	계	비고
매회절삭	1.5	0.35	0.20	0.14	0.10	0.05	0.05	−	−	0.89	반경
깊이	2.0	0.35	0.25	0.19	0.12	0.10	0.08	0.05	0.05	1.19	

※ 아래 프로그램은 전체 길이만큼 수작업으로 가공한 상태에서 작성한 프로그램이다.
※ 아래 프로그램에서 점선은 각 과정(선반 프로그램 작성순서 참조)을 구분한 것이다.
※ 프로그램 작성 시 '공작물 회전'과 같은 한글은 작성하지 않는다.
※ 음영 처리된 부분은 원활한 조립성을 위하여 X28.8 가공을 권장한다.

```
%
O0001
G28 U0. W0.
G50 S2000

T0101
G96 S200 M03
G00 X55. Z5. M08
G71 U1.0 R0.5
G71 P10 Q20 U0.4 W0.2 F0.2
N10 G01 X-1.
Z0.
X47.
X49. Z-1.
Z-30.
N20 X55.
G00 X150. Z150. T0100 M09
M05
M00

T0303
G96 S200 M03
G00 X55. Z5. M08
G70 P10 Q20 F0.1
G00 X150. Z150. T0300 M09
M05
M00

T0505
G97 S500 M03
G00 X55. Z-17. M08
G01 X40. F0.05
G04 P500
G01 X55.
G00 X150. Z150. T0500 M09
M05
M00

(공작물 회전)

T0101
G96 S200 M03
G00 X55. Z5. M08
G71 U1.0 R0.5
G71 P30 Q40 U0.4 W0.2 F0.2
N30 G01 X-1.
Z0.
X14.
X16. Z-1.
Z-20.
X22.
Z-30.
X24.
G03 X30. Z-33. R3.
```

```
G01 Z-53.
Z-61. A145.
X49.
Z-62.
N40 X55.
G00 X150. Z150. T0100 M09
M05
M00

T0303
G96 S200 M03
G00 X55. Z5. M08
G70 P30 Q40 F0.1
G00 X150. Z150. T0300 M09
M05
M00

T0505
G97 S500 M03
G00 X35. Z-48. M08
G01 X24. F0.05
G04 P500
G01 X35.
Z-46.
G01 X24.
G04 P500
G01 X35.
G00 Z-20.
G01 X12.
G04 P500
G01 X35.
Z-19.
G01 X12.
G04 P500
G01 X35.
G00 X150. Z150. T0500 M09
M05
M00

T0707
G97 S500 M03
G00 X25. Z5. M08
G76 P010060 Q50 R20
G76 P1190 Q350 X13.62 Z-17. F2.0
G00 X150. Z150. T0700 M09
M05
M02
%
```

2) 공개문제 2

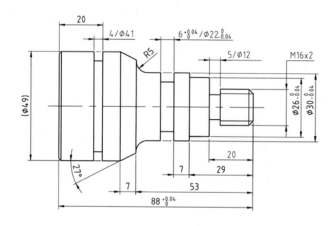

주서
1. 도시되고 지시없는 모따기 C1
2. 일반 모따기 C0.2~0.3

	M16×2.0 보통급	
수나사	외경	$15.962_{-0.28}^{0}$
	유효경	$14.663_{-0.16}^{0}$

공구번호	공구명	비고	공구번호	공구명	비고
T01	황삭 바이트		T05	홈 바이트	4mm
T03	정삭 바이트		T07	나사 바이트	

CNC선반 나사 절삭 데이터(참고용)										
절입 횟수	피치	1회	2회	3회	4회	5회	6회	7회	8회	계	비고
매회절삭	1.5	0.35	0.20	0.14	0.10	0.05	0.05	–	–	0.89	반경
깊이	2.0	0.35	0.25	0.19	0.12	0.10	0.08	0.05	0.05	1.19	

※ 아래 프로그램은 전체 길이만큼 수작업으로 가공한 상태에서 작성한 프로그램이다.
※ 아래 프로그램에서 점선은 각 과정(선반 프로그램 작성순서 참조)을 구분한 것이다.
※ 프로그램 작성 시 '공작물 회전'과 같은 한글은 작성하지 않는다.
※ 음영 처리된 부분은 원활한 조립성을 위하여 X28.8 가공을 권장한다.

%
O0002
G28 U0. W0.
G50 S2000

T0101
G96 S200 M03
G00 X55. Z5. M08
G71 U1.0 R0.5
G71 P10 Q20 U0.4 W0.2 F0.2
N10 G01 X−1.
Z0.
X47.
X49. Z−1.
Z−30.
N20 X55.
G00 X150. Z150. T0100 M09
M05
M00

T0303
G96 S200 M03
G00 X55. Z5. M08
G70 P10 Q20 F0.1
G00 X150. Z150. T0300 M09
M05
M00

T0505
G97 S500 M03
G00 X55. Z−20. M08
G01 X41. F0.05
G04 P500
G01 X55.
G00 X150. Z150. T0500 M09
M05
M00

(공작물 회전)

T0101
G96 S200 M03
G00 X55. Z5. M08
G71 U1.0 R0.5
G71 P30 Q40 U0.4 W0.2 F0.2
N30 G01 X−1.
Z0.
X14.
X16. Z−1.
Z−20.
X26.
Z−29.
X30.

Z−48.
G02 X40. Z−53. R5.
G01 X49. Z−60. A153.
N40 X55.
G00 X150. Z150. T0100 M09
M05
M00

T0303
G96 S200 M03
G00 X55. Z5. M08
G70 P30 Q40 F0.1
G00 X150. Z150. T0300 M09
M05
M00

T0505
G97 S500 M03
G00 X35. Z−42. M08
G01 X22. F0.05
G04 P500
G01 X35.
Z−40.
G01 X22.
G04 P500
G01 X35.
G00 Z−20.
G01 X12.
G04 P500
G01 X35.
Z−19.
G01 X12.
G04 P500
G01 X35.
G00 X150. Z150. T0500 M09
M05
M00

T0707
G97 S500 M03
G00 X25. Z5. M08
G76 P010060 Q50 R20
G76 P1190 Q350 X13.62 Z−17. F2.0
G00 X150. Z150. T0700 M09
M05
M02
%

3) 공개문제 3

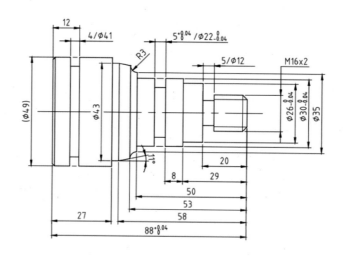

주서
1. 도시되고 지시없는 모따기 C1
2. 일반 모따기 C0.2~0.3

	M16×2.0 보통급	
수나사	외경	$15.962_{-0.28}^{0}$
	유효경	$14.663_{-0.16}^{0}$

공구번호	공구명	비고	공구번호	공구명	비고
T01	황삭 바이트		T05	홈 바이트	4mm
T03	정삭 바이트		T07	나사 바이트	

CNC선반 나사 절삭 데이터(참고용)										
절입 횟수	피치	1회	2회	3회	4회	5회	6회	7회	8회	계	비고
매회절삭 깊이	1.5	0.35	0.20	0.14	0.10	0.05	0.05	–	–	0.89	반경
	2.0	0.35	0.25	0.19	0.12	0.10	0.08	0.05	0.05	1.19	

※ 아래 프로그램은 전체 길이만큼 수작업으로 가공한 상태에서 작성한 프로그램이다.
※ 아래 프로그램에서 점선은 각 과정(선반 프로그램 작성순서 참조)을 구분한 것이다.
※ 프로그램 작성 시 '공작물 회전'과 같은 한글은 작성하지 않는다.
※ 음영 처리된 부분은 원활한 조립성을 위하여 X28.8 가공을 권장한다.

```
%
O0003
G28 U0. W0.
G50 S2000

T0101
G96 S200 M03
G00 X55. Z5. M08
G71 U1.0 R0.5
G71 P10 Q20 U0.4 W0.2 F0.2
N10 G01 X-1.
Z0.
X47.
X49. Z-1.
Z-30.
N20 X55.
G00 X150. Z150. T0100 M09
M05
M00

T0303
G96 S200 M03
G00 X55. Z5. M08
G70 P10 Q20 F0.1
G00 X150. Z150. T0300 M09
M05
M00

T0505
G97 S500 M03
G00 X55. Z-12. M08
G01 X41. F0.05
G04 P500
G01 X55.
G00 X150. Z150. T0500 M09
M05
M00

(공작물 회전)

T0101
G96 S200 M03
G00 X55. Z5. M08
G71 U1.0 R0.5
G71 P30 Q40 U0.4 W0.2 F0.2
N30 G01 X-1.
Z0.
X14.
X16. Z-1.
Z-20.
X26.
Z-29.
X30.
Z-50.
```

```
X35.
G02 X41. Z-53. R3.
G01 X43. Z-58. A169.
Z-61.
X49.
Z-62.
N40 X55.
G00 X150. Z150. T0100 M09
M05
M00

T0303
G96 S200 M03
G00 X55. Z5. M08
G70 P30 Q40 F0.1
G00 X150. Z150. T0300 M09
M05
M00

T0505
G97 S500 M03
G00 X35. Z-42. M08
G01 X22. F0.05
G04 P500
G01 X35.
Z-41.
G01 X22.
G04 P500
G01 X35.
G00 Z-20.
G01 X12.
G04 P500
G01 X35.
Z-19.
G01 X12.
G04 P500
G01 X35.
G00 X150. Z150. T0500 M09
M05
M00

T0707
G97 S500 M03
G00 X25. Z5. M08
G76 P010060 Q50 R20
G76 P1190 Q350 X13.62 Z-17. F2.0
G00 X150. Z150. T0700 M09
M05
M02
%
```

4) 공개문제 4

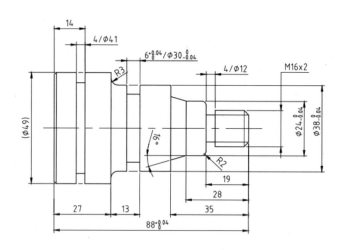

주서
1. 도시되고 지시없는 모따기 C1
2. 일반 모따기 C0.2~0.3

	M16×2.0 보통급	
수나사	외경	$15.962^{0}_{-0.28}$
	유효경	$14.663^{0}_{-0.16}$

공구번호	공구명	비고	공구번호	공구명	비고
T01	황삭 바이트		T05	홈 바이트	4mm
T03	정삭 바이트		T07	나사 바이트	

CNC선반 나사 절삭 데이터(참고용)										
절입 횟수	피치	1회	2회	3회	4회	5회	6회	7회	8회	계	비고
매회절삭 깊이	1.5	0.35	0.20	0.14	0.10	0.05	0.05	–	–	0.89	반경
	2.0	0.35	0.25	0.19	0.12	0.10	0.08	0.05	0.05	1.19	

※ 아래 프로그램은 전체 길이만큼 수작업으로 가공한 상태에서 작성한 프로그램이다.
※ 아래 프로그램에서 점선은 각 과정(선반 프로그램 작성순서 참조)을 구분한 것이다.
※ 프로그램 작성 시 '공작물 회전'과 같은 한글은 작성하지 않는다.
※ 음영 처리된 부분은 원활한 조립성을 위하여 X28.8 가공을 권장한다.

```
%
O0004
G28 U0. W0.
G50 S2000

T0101
G96 S200 M03
G00 X55. Z5. M08
G71 U1.0 R0.5
G71 P10 Q20 U0.4 W0.2 F0.2
N10 G01 X-1.
Z0.
X47.
X49. Z-1.
Z-30.
N20 X55.
G00 X150. Z150. T0100 M09
M05
M00

T0303
G96 S200 M03
G00 X55. Z5. M08
G70 P10 Q20 F0.1
G00 X150. Z150. T0300 M09
M05
M00

T0505
G97 S500 M03
G00 X55. Z-14. M08
G01 X41. F0.05
G04 P500
G01 X55.
G00 X150. Z150. T0500 M09
M05
M00

(공작물 회전)

T0101
G96 S200 M03
G00 X55. Z5. M08
G71 U1.0 R0.5
G71 P30 Q40 U0.4 W0.2 F0.2
N30 G01 X-1.
Z0.
X14.
X16. Z-1.
Z-19.
X20.
G03 X24. Z-21. R2.
G01 Z-28.
Z-35. A164.
```

```
X38.
Z-58.
G02 X44. Z-61. R3.
G01 X49.
Z-62.
N40 X55.
G00 X150. Z150. T0100 M09
M05
M00

T0303
G96 S200 M03
G00 X55. Z5. M08
G70 P30 Q40 F0.1
G00 X150. Z150. T0300 M09
M05
M00

T0505
G97 S500 M03
G00 X45. Z-54. M08
G01 X30. F0.05
G04 P500
G01 X45.
Z-52.
G01 X30.
G04 P500
G01 X45.
G00 Z-19.
G01 X12.
G04 P500
G01 X35.
G00 X150. Z150. T0500 M09
M05
M00

T0707
G97 S500 M03
G00 X25. Z5. M08
G76 P010060 Q50 R20
G76 P1190 Q350 X13.62 Z-17. F2.0
G00 X150. Z150. T0700 M09
M05
M02
%
```

5) 공개문제 5

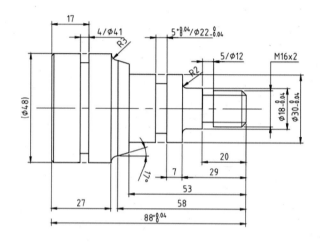

주서
1. 도시되고 지시없는 모따기 C1
2. 일반 모따기 C0.2~0.3

	M16×2.0 보통급	
수나사	외경	$15.962_{-0.28}^{0}$
	유효경	$14.663_{-0.16}^{0}$

공구번호	공구명	비고	공구번호	공구명	비고
T01	황삭 바이트		T05	홈 바이트	4mm
T03	정삭 바이트		T07	나사 바이트	

CNC선반 나사 절삭 데이터(참고용)										
절입 횟수	피치	1회	2회	3회	4회	5회	6회	7회	8회	계	비고
매회절삭 깊이	1.5	0.35	0.20	0.14	0.10	0.05	0.05	–	–	0.89	반경
	2.0	0.35	0.25	0.19	0.12	0.10	0.08	0.05	0.05	1.19	

※ 아래 프로그램은 전체 길이만큼 수작업으로 가공한 상태에서 작성한 프로그램이다.
※ 아래 프로그램에서 점선은 각 과정(선반 프로그램 작성순서 참조)을 구분한 것이다.
※ 프로그램 작성 시 '공작물 회전'과 같은 한글은 작성하지 않는다.
※ 음영 처리된 부분은 원활한 조립성을 위하여 X28.8 가공을 권장한다.

```
%
O0005
G28 U0. W0.
G50 S2000

T0101
G96 S200 M03
G00 X55. Z5. M08
G71 U1.0 R0.5
G71 P10 Q20 U0.4 W0.2 F0.2
N10 G01 X-1.
Z0.
X46.
X48. Z-1.
Z-30.
N20 X55.
G00 X150. Z150. T0100 M09
M05
M00

T0303
G96 S200 M03
G00 X55. Z5. M08
G70 P10 Q20 F0.1
G00 X150. Z150. T0300 M09
M05
M00

T0505
G97 S500 M03
G00 X55. Z-17. M08
G01 X41. F0.05
G04 P500
G01 X55.
G00 X150. Z150. T0500 M09
M05
M00


(공작물 회전)

T0101
G96 S200 M03
G00 X55. Z5. M08
G71 U1.0 R0.5
G71 P30 Q40 U0.4 W0.2 F0.2
N30 G01 X-1.
Z0.
X14.
X16. Z-1.
Z-20.
X18.
Z-27.
G02 X22. Z-29. R2.
G01 X30.
```

```
Z-53.
X38.944
X42. Z-58.
G02 X48. Z-61. R3.
G01 Z-62.
N40 X55.
G00 X150. Z150. T0100 M09
M05
M00

T0303
G96 S200 M03
G00 X55. Z5. M08
G70 P30 Q40 F0.1
G00 X150. Z150. T0300 M09
M05
M00

T0505
G97 S500 M03
G00 X35. Z-41. M08
G01 X22. F0.05
G04 P500
G01 X35.
Z-40.
G01 X22.
G04 P500
G01 X35.
G00 Z-20.
G01 X12.
G04 P500
G01 X35.
Z-19.
G01 X12.
G04 P500
G01 X35.
G00 X150. Z150. T0500 M09
M05
M00

T0707
G97 S500 M03
G00 X25. Z5. M08
G76 P010060 Q50 R20
G76 P1190 Q350 X13.62 Z-17. F2.0
G00 X150. Z150. T0700 M09
M05
M02
%
```

6) 공개문제 6

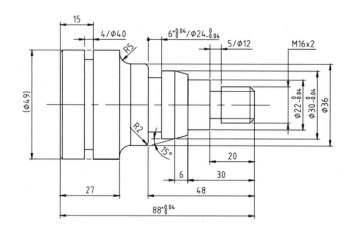

주서

1. 도시되고 지시없는 모따기 C1
2. 일반 모따기 C0.2~0.3

	M16×2.0 보통급	
수나사	외경	$15.962^{\ 0}_{-0.28}$
	유효경	$14.663^{\ 0}_{-0.16}$

공구번호	공구명	비고	공구번호	공구명	비고
T01	황삭 바이트		T05	홈 바이트	4mm
T03	정삭 바이트		T07	나사 바이트	

CNC선반 나사 절삭 데이터(참고용)										
절입 횟수	피치	1회	2회	3회	4회	5회	6회	7회	8회	계	비고
매회절삭 깊이	1.5	0.35	0.20	0.14	0.10	0.05	0.05	–	–	0.89	반경
	2.0	0.35	0.25	0.19	0.12	0.10	0.08	0.05	0.05	1.19	

※ 아래 프로그램은 전체 길이만큼 수작업으로 가공한 상태에서 작성한 프로그램이다.

※ 아래 프로그램에서 점선은 각 과정(선반 프로그램 작성순서 참조)을 구분한 것이다.

※ 프로그램 작성 시 '공작물 회전'과 같은 한글은 작성하지 않는다.

※ 음영 처리된 부분은 원활한 조립성을 위하여 X28.8 가공을 권장한다.

```
%
O0006
G28 U0. W0.
G50 S2000

T0101
G96 S200 M03
G00 X55. Z5. M08
G71 U1.0 R0.5
G71 P10 Q20 U0.4 W0.2 F0.2
N10 G01 X-1.
Z0.
X47.
X49. Z-1.
Z-30.
N20 X55.
G00 X150. Z150. T0100 M09
M05
M00

T0303
G96 S200 M03
G00 X55. Z5. M08
G70 P10 Q20 F0.1
G00 X150. Z150. T0300 M09
M05
M00

T0505
G97 S500 M03
G00 X55. Z-15. M08
G01 X40. F0.05
G04 P500
G01 X55.
G00 X150. Z150. T0500 M09
M05
M00

(공작물 회전)

T0101
G96 S200 M03
G00 X55. Z5. M08
G71 U1.0 R0.5
G71 P30 Q40 U0.4 W0.2 F0.2
N30 G01 X-1.
Z0.
X14.
X16. Z-1.
Z-20.
X22.
Z-30.
X26.8
X30. Z-36.
```

```
Z-48.
X32.
G03 X36. Z-50. R2.
G01 Z-56.
G02 X46. Z-61. R5.
G01 X49.
Z-62.
N40 X55.
G00 X150. Z150. T0100 M09
M05
M00

T0303
G96 S200 M03
G00 X55. Z5. M08
G70 P30 Q40 F0.1
G00 X150. Z150. T0300 M09
M05
M00

T0505
G97 S500 M03
G00 X40. Z-48. M08
G01 X24. F0.05
G04 P500
G01 X40.
Z-46.
G01 X24.
G04 P500
G01 X40.
G00 Z-20.
G01 X12.
G04 P500
G01 X40.
Z-19.
G01 X12.
G04 P500
G01 X40.
G00 X150. Z150. T0500 M09
M05
M00

T0707
G97 S500 M03
G00 X25. Z5. M08
G76 P010060 Q50 R20
G76 P1190 Q350 X13.62 Z-17. F2.0
G00 X150. Z150. T0700 M09
M05
M02
%
```

7) 공개문제 7

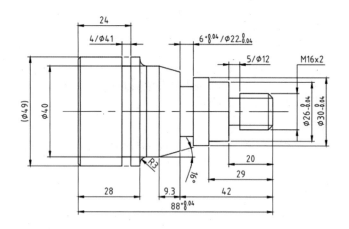

주서
1. 도시되고 지시없는 모따기 C1
2. 일반 모따기 C0.2~0.3

	M16×2.0 보통급	
수나사	외경	$15.962^{0}_{-0.28}$
	유효경	$14.663^{0}_{-0.16}$

공구번호	공구명	비고	공구번호	공구명	비고
T01	황삭 바이트		T05	홈 바이트	4mm
T03	정삭 바이트		T07	나사 바이트	

CNC선반 나사 절삭 데이터(참고용)										
절입 횟수	피치	1회	2회	3회	4회	5회	6회	7회	8회	계	비고
매회절삭	1.5	0.35	0.20	0.14	0.10	0.05	0.05	−	−	0.89	반경
깊이	2.0	0.35	0.25	0.19	0.12	0.10	0.08	0.05	0.05	1.19	

※ 아래 프로그램은 전체 길이만큼 수작업으로 가공한 상태에서 작성한 프로그램이다.
※ 아래 프로그램에서 점선은 각 과정(선반 프로그램 작성순서 참조)을 구분한 것이다.
※ 프로그램 작성 시 '공작물 회전'과 같은 한글은 작성하지 않는다.
※ 음영 처리된 부분은 원활한 조립성을 위하여 X28.8 가공을 권장한다.

```
%
O0007
G28 U0. W0.
G50 S2000

T0101
G96 S200 M03
G00 X55. Z5. M08
G71 U1.0 R0.5
G71 P10 Q20 U0.4 W0.2 F0.2
N10 G01 X-1.
Z0.
X47.
X49. Z-1.
Z-30.
N20 X55.
G00 X150. Z150. T0100 M09
M05
M00

T0303
G96 S200 M03
G00 X55. Z5. M08
G70 P10 Q20 F0.1
G00 X150. Z150. T0300 M09
M05
M00

T0505
G97 S500 M03
G00 X55. Z-24. M08
G01 X41. F0.05
G04 P500
G01 X55.
G00 X150. Z150. T0500 M09
M05
M00


(공작물 회전)

T0101
G96 S200 M03
G00 X55. Z5. M08
G71 U1.0 R0.5
G71 P30 Q40 U0.4 W0.2 F0.2
N30 G01 X-1.
Z0.
X14.
X16. Z-1.
Z-20.
X26.
Z-29.
X30.
Z-42.
```

```
X34.68
X40. Z-51.3
Z-57.
G02 X46. Z-60. R3.
G01 X49.
Z-61.
N40 X55.
G00 X150. Z150. T0100 M09
M05
M00

T0303
G96 S200 M03
G00 X55. Z5. M08
G70 P30 Q40 F0.1
G00 X150. Z150. T0300 M09
M05
M00

T0505
G97 S500 M03
G00 X40. Z-42. M08
G01 X22. F0.05
G04 P500
G01 X40.
Z-40.
G01 X22.
G04 P500
G01 X40.
G00 Z-20.
G01 X12.
G04 P500
G01 X40.
Z-19.
G01 X12.
G04 P500
G01 X40.
G00 X150. Z150. T0500 M09
M05
M00

T0707
G97 S500 M03
G00 X25. Z5. M08
G76 P010060 Q50 R20
G76 P1190 Q350 X13.62 Z-17. F2.0
G00 X150. Z150. T0700 M09
M05
M02
%
```

❸ 기계가공기능장

1. 밀링가공작업 공개문제

1) 공개문제 1

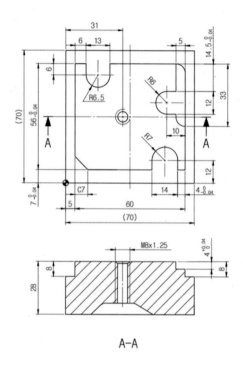

A-A

주서
1. 도시되고 지시없는 모따기 및 라운드는 C5, R5
2. 일반 모따기 C0.2
3. 상면 형상 1단 모따기 C0.3(챔퍼밀 사용)

공구번호	공구명	비고	공구번호	공구명	비고
T01	평엔드밀	$\phi10$	T07	볼엔드밀	$\phi6$
T02	센터드릴	$\phi3$	T08	볼엔드밀	$\phi8$
T03	드릴	$\phi6.8$	T09	볼엔드밀	$\phi10$
T04	탭	$M8\times1.25$	T10	페이스커터	$\phi100$
T05	챔퍼밀	$\phi6\times45°$	T20	터치센터	$\phi10$
T06	볼엔드밀	$\phi4$	T21	아큐센터	$\phi10$

※ 아래 프로그램은 공작물의 높이(Z값)만큼 페이스커터를 사용하여 수작업으로 가공한 상태에서 작성한
프로그램이다.

%
O0001
G40 G49 G54 G80 G90

T02 M06
S1000 M03
G00 X31. Y35.
G43 H02 Z200.
Z20. M08
G81 G99 Z−3. R5. F100
G00 Z20.
G80 M09
G00 G49 Z200.
M05
M00

T03 M06
S1000 M03
G00 X31. Y35.
G43 H03 Z200.
Z20. M08
G83 G99 Z−32. R5. Q3. F100
G00 Z20.
G80 M09
G00 G49 Z200.
M05
M00

T04 M06
S100 M03
G00 X31. Y35.
G43 H04 Z200.
Z20. M08
G84 G99 Z−32. R5. F125
G00 Z20.
G80 M09
G00 G49 Z200.
M05
M00

T01 M06
S2000 M03
G00 X−15. Y−15.
G43 H01 Z200.
Z20. M08
G01 Z−4. F200
X−1.

Y69.
X66.
Y42.5
X71.
Y1.
X−15.
Y−15.

G01 Z−8.
X−1.
Y69.
X71.
Y1.
X−15.
Y−15.

G01 Z−4.
G41 D01 G01 X5.
Y63.
X11.
Y57.
G03 X24. Y57. R6.5
G01 X24. Y63.
X60.
Y48.5
X55.
G03 X55. Y36.5 R6.
G01 X60.
G03 X65. Y30. R5.
G01 X65. Y7.
X61.
Y12.
G03 X47. Y12. R7.
G01 X47. Y7.
X12.
X5. Y12.
Y20.
X−15.
Y−15.

G01 Z−8.
G41 D01 G01 X5.
Y63.
X11.
Y57.
G03 X24. Y57. R6.5
G01 X24. Y63.

```
X60.
G02 X65. Y58. R5.
G01 X65. Y7.
X61.
Y12.
G03 X47. Y12. R7.
G01 X47. Y7.
X12.
X5. Y12.
Y20.
X-15.
Y-15.
G00 Z20.
G40 M09
G00 G49 Z200.
M05
M00

T05 M06
S2000 M03
G00 X-15. Y-15.
G43 H05 Z200.
Z20. M08
G01 Z-2.3 F200
G41 D05 G01 X5.
Y63.
X11.
Y57.
G03 X24. Y57. R6.5
G01 X24. Y63.
X60.
Y48.5
X55.
G03 X55. Y36.5 R6.
G01 X60.
G03 X65. Y30. R5.
G01 X65. Y7.
X61.
Y12.
G03 X47. Y12. R7.
G01 X47. Y7.
X12.
X5. Y12.
Y20.
X-15.
Y-15.
```

```
G00 Z20.
G40 M09
G00 G49 Z200.
M05
M02
%
```

2) 공개문제 2

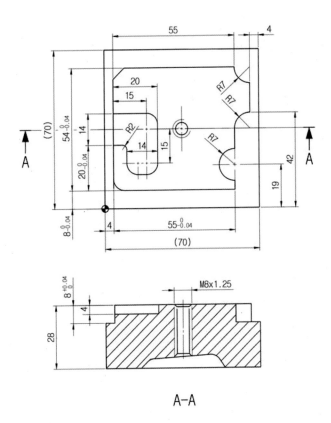

A-A

주서
1. 도시되고 지시없는 모따기 및 라운드는 C5, R5
2. 일반 모따기 C0.2
3. 상면 형상 1단 모따기 C0.3(챔퍼밀 사용)

공구번호	공구명	비고	공구번호	공구명	비고
T01	평엔드밀	$\phi 10$	T07	볼엔드밀	$\phi 6$
T02	센터드릴	$\phi 3$	T08	볼엔드밀	$\phi 8$
T03	드릴	$\phi 6.8$	T09	볼엔드밀	$\phi 10$
T04	탭	M8×1.25	T10	페이스커터	$\phi 100$
T05	챔퍼밀	$\phi 6 \times 45°$	T20	터치센터	$\phi 10$
T06	볼엔드밀	$\phi 4$	T21	아큐센터	$\phi 10$

※ 아래 프로그램은 공작물의 높이(Z값)만큼 페이스커터를 사용하여 수작업으로 가공한 상태에서 작성한
프로그램이다.

```
%
O0002
G40 G49 G54 G80 G90

T02 M06
S1000 M03
G00 X35. Y35.
G43 H02 Z200.
Z20. M08
G81 G99 Z－3. R5. F100
G00 Z20.
G80 M09
G00 G49 Z200.
M05
M00

T03 M06
S1000 M03
G00 X35. Y35.
G43 H03 Z200.
Z20. M08
G83 G99 Z－32. R5. Q3. F100
G00 Z20.
G80 M09
G00 G49 Z200.
M05
M00

T04 M06
S100 M03
G00 X35. Y35.
G43 H04 Z200.
Z20. M08
G84 G99 Z－32. R5. F125
G00 Z20.
G80 M09
G00 G49 Z200.
M05
M00

T01 M06
S2000 M03
G00 X－15. Y－15.
G43 H01 Z200.
Z20. M08
G01 Z－4. F200
X－2.
```

```
Y35.
X18.
Y25.
Y35.
X－2.
Y68.
X72.
Y35.
X66.
Y2.
X－15.
Y－15.

G01 Z－8.
X－2.
Y68.
X72.
Y35.
X66.
Y2.
X－15.
Y－15.

G01 Z－4.
G41 D01 G01 X4.
Y28.
X8.
G02 X10. Y26. R2.
G01 X10. Y20.
G03 X15. Y15. R5.
G01 X19. Y15.
G03 X24. Y20. R5.
G01 X24. Y37.
G03 X19. Y42. R5.
G01 X4. Y42.
Y57.
X9. Y62.
X59.
G03 X66. Y55. R7.
G01 X66. Y42.
G03 X59. Y36. R7.
G01 X59. Y26.
G03 X59. Y12. R7.
G01 X59. Y8.
X9.
G02 X4. Y13. R5.
G01 Y15.
```

```
X-15.
Y-15.

G01 Z-8.
G41 D01 G01 X4.
Y57.
X9. Y62.
X59.
G03 X66. Y55. R7.
G01 X66. Y42.
G03 X59. Y36. R7.
G01 X59. Y26.
G03 X59. Y12. R7.
G01 X59. Y8.
X9.
G02 X4. Y13. R5.
G01 Y15.
X-15.
Y-15.
G00 Z20.
G40 M09
G00 G49 Z200.
M05
M00

T05 M06
S2000 M03
G00 X-15. Y-15.
G43 H05 Z200.
Z20. M08
G01 Z-2.3 F200
G41 D05 G01 X4.
Y28.
X8.
G02 X10. Y26. R2.
G01 X10. Y20.
G03 X15. Y15. R5.
G01 X19. Y15.
G03 X24. Y20. R5.
G01 X24. Y37.
G03 X19. Y42. R5.
G01 X4. Y42.
Y57.
X9. Y62.
X59.
G03 X66. Y55. R7.
G01 X66. Y42.
```

```
G03 X59. Y36. R7.
G01 X59. Y26.
G03 X59. Y12. R7.
G01 X59. Y8.
X9.
G02 X4. Y13. R5.
G01 Y15.
X-15.
Y-15.
G00 Z20.
G40 M09
G00 G49 Z200.
M05
M02
%
```

3) 공개문제 3

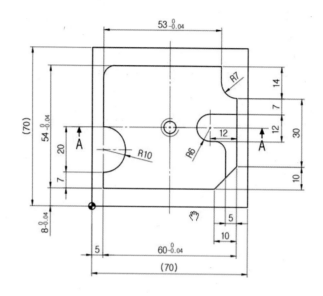

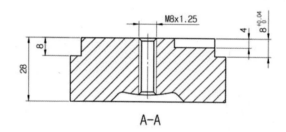

A-A

주서

1. 도시되고 지시없는 모따기 및 라운드는 C5, R5
2. 일반 모따기 C0.2
3. 상면 형상 1단 모따기 C0.3(챔퍼밀 사용)

공구번호	공구명	비고	공구번호	공구명	비고
T01	평엔드밀	$\phi 10$	T07	볼엔드밀	$\phi 6$
T02	센터드릴	$\phi 3$	T08	볼엔드밀	$\phi 8$
T03	드릴	$\phi 6.8$	T09	볼엔드밀	$\phi 10$
T04	탭	$M8 \times 1.25$	T10	페이스커터	$\phi 100$
T05	챔퍼밀	$\phi 6 \times 45°$	T20	터치센터	$\phi 10$
T06	볼엔드밀	$\phi 4$	T21	아큐센터	$\phi 10$

※ 아래 프로그램은 공작물의 높이(Z값)만큼 페이스커터를 사용하여 수작업으로 가공한 상태에서 작성한 프로그램이다.

%
O0003
G40 G49 G54 G80 G90

T02 M06
S1000 M03
G00 X35. Y35.
G43 H02 Z200.
Z20. M08
G81 G99 Z−3. R5. F100
G00 Z20.
G80 M09
G00 G49 Z200.
M05
M00

T03 M06
S1000 M03
G00 X35. Y35.
G43 H03 Z200.
Z20. M08
G83 G99 Z−32. R5. Q3. F100
G00 Z20.
G80 M09
G00 G49 Z200.
M05
M00

T04 M06
S100 M03
G00 X35. Y35.
G43 H04 Z200.
Z20. M08
G84 G99 Z−32. R5. F125
G00 Z20.
G80 M09
G00 G49 Z200.
M05
M00

T01 M06
S2000 M03
G00 X−15. Y−15.
G43 H01 Z200.
Z20. M08
G01 Z−4. F200
X−1.

Y25.
X5.
X−1.
Y68.
X71.
Y35.
X53.
X66.
Y2.
X−15.
Y−15.

G01 Z−8.
X−1.
Y25.
X5.
X−1.
Y68.
X71.
Y2.
X−15.
Y−15.

G01 Z−4.
G41 D01 G01 X5.
Y15.
G03 X5. Y35. R10.
G01 X5. Y57.
G02 X10. Y62. R5.
G01 X58.
Y55.
G03 X65. Y48. R7.
G01 X65. Y41.
X53.
G03 X53. Y29. R6.
G01 X55. Y29.
G02 X60. Y24. R5.
G01 X60. Y13.
X55. Y8.
X−15.
Y−15.

G01 Z−8.
G41 D01 G01 X5.
Y15.
G03 X5. Y35. R10.
G01 X5. Y57.

```
G02 X10. Y62. R5.
G01 X58.
Y55.
G03 X65. Y48. R7.
G01 X65. Y18.
X55. Y8.
X-15.
Y-15.
G00 Z20.
G40 M09
G00 G49 Z200.
M05
M00

T05 M06
S2000 M03
G00 X-15. Y-15.
G43 H05 Z200.
Z20. M08
G01 Z-2.3 F200
G41 D05 G01 X5.
Y15.
G03 X5. Y35. R10.
G01 X5. Y57.
G02 X10. Y62. R5.
G01 X58.
Y55.
G03 X65. Y48. R7.
G01 X65. Y41.
X53.
G03 X53. Y29. R6.
G01 X55. Y29.
G02 X60. Y24. R5.
G01 X60. Y13.
X55. Y8.
X-15.
Y-15.
G00 Z20.
G40 M09
G00 G49 Z200.
M05
M02
%
```

4) 공개문제 4

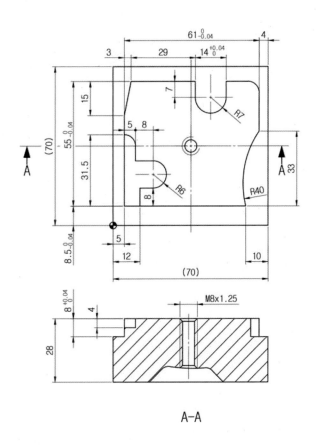

A-A

주서
1. 도시되고 지시없는 모따기 및 라운드는 C5, R5
2. 일반 모따기 C0.2
3. 상면 형상 1단 모따기 C0.3(챔퍼밀 사용)

공구번호	공구명	비고	공구번호	공구명	비고
T01	평엔드밀	$\phi 10$	T07	볼엔드밀	$\phi 6$
T02	센터드릴	$\phi 3$	T08	볼엔드밀	$\phi 8$
T03	드릴	$\phi 6.8$	T09	볼엔드밀	$\phi 10$
T04	탭	$M8 \times 1.25$	T10	페이스커터	$\phi 100$
T05	챔퍼밀	$\phi 6 \times 45°$	T20	터치센터	$\phi 10$
T06	볼엔드밀	$\phi 4$	T21	아큐센터	$\phi 10$

※ 아래 프로그램은 공작물의 높이(Z값)만큼 페이스커터를 사용하여 수작업으로 가공한 상태에서 작성한 프로그램이다.

```
%
O0004
G40 G49 G54 G80 G90

T02 M06
S1000 M03
G00 X35. Y35.
G43 H02 Z200.
Z20. M08
G81 G99 Z-3. R5. F100
G00 Z20.
G80 M09
G00 G49 Z200.
M05
M00

T03 M06
S1000 M03
G00 X35. Y35.
G43 H03 Z200.
Z20. M08
G83 G99 Z-32. R5. Q3. F100
G00 Z20.
G80 M09
G00 G49 Z200.
M05
M00

T04 M06
S100 M03
G00 X35. Y35.
G43 H04 Z200.
Z20. M08
G84 G99 Z-32. R5. F125
G00 Z20.
G80 M09
G00 G49 Z200.
M05
M00

T01 M06
S2000 M03
G00 X-15. Y-15.
G43 H01 Z200.
Z20. M08
G01 Z-4. F200
X4.
```

```
Y22.5
X18.
X-1.
Y69.5
X44.
Y56.5
Y69.5
X72.
Y2.5
X-15.
Y-15.

G01 Z-8.
X-1.
Y69.5
X44.
Y56.5
Y69.5
X72.
Y2.5
X-15.
Y-15.

G01 Z-4.
G41 D01 G01 X12.
Y16.5
X18.
G03 X18. Y28.5 R6.
G01 X10. Y28.5
Y35.
G03 X5. Y40. R5.
G01 Y48.5
X8. Y63.5
X37.
Y56.5
G03 X51. Y56.5 R7.
G01 X51. Y63.5
X61.
G02 X66. Y58.5 R5.
G01 X66. Y41.5
G03 X60. Y8.5 R40.
G01 X-15. Y8.5
Y-15.

G01 Z-8.
G41 D01 G01 X5.
Y48.5
```

```
X8. Y63.5
X37.
Y56.5
G03 X51. Y56.5 R7.
G01 X51. Y63.5
X61.
G02 X66. Y58.5 R5.
G01 X66. Y41.5
G03 X60. Y8.5 R40.
G01 X-15. Y8.5
Y-15.
G00 Z20.
G40 M09
G00 G49 Z200.
M05
M00

T05 M06
S2000 M03
G00 X-15. Y-15.
G43 H05 Z200.
Z20. M08
G01 Z-2.3 F200
G41 D05 G01 X12.
Y16.5
X18.
G03 X18. Y28.5 R6.
G01 X10. Y28.5
Y35.
G03 X5. Y40. R5.
G01 Y48.5
X8. Y63.5
X37.
Y56.5
G03 X51. Y56.5 R7.
G01 X51. Y63.5
X61.
G02 X66. Y58.5 R5.
G01 X66. Y41.5
G03 X60. Y8.5 R40.
G01 X-15. Y8.5
Y-15.
G00 Z20.
G40 M09
G00 G49 Z200.
M05
M02
```

%

5) 공개문제 5

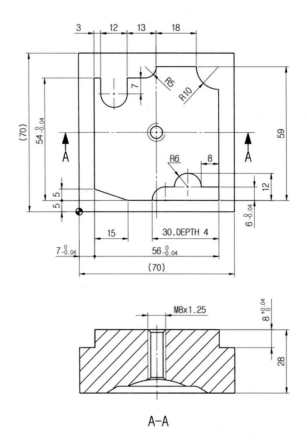

A-A

주서
1. 도시되고 지시없는 모따기 및 라운드는 C5, R6
2. 일반 모따기 C0.2
3. 상면 형상 1단 모따기 C0.3(챔퍼밀 사용)

공구번호	공구명	비고	공구번호	공구명	비고
T01	평엔드밀	$\phi 10$	T07	볼엔드밀	$\phi 6$
T02	센터드릴	$\phi 3$	T08	볼엔드밀	$\phi 8$
T03	드릴	$\phi 6.8$	T09	볼엔드밀	$\phi 10$
T04	탭	$M8 \times 1.25$	T10	페이스커터	$\phi 100$
T05	챔퍼밀	$\phi 6 \times 45°$	T20	터치센터	$\phi 10$
T06	볼엔드밀	$\phi 4$	T21	아큐센터	$\phi 10$

※ 아래 프로그램은 공작물의 높이(Z값)만큼 페이스커터를 사용하여 수작업으로 가공한 상태에서 작성한
프로그램이다.

```
%                             Y70.
O0005                         X69.
G40 G49 G54 G80 G90           Y64.
                              X63.
T02 M06                       Y70.
S1000 M03                     X69.
G00 X35. Y35.                 Y-1.
G43 H02 Z200.                 X-15.
Z20. M08                      Y-15.
G81 G99 Z-3. R5. F100
G00 Z20.                      G01 Z-8.
G80 M09                       X1.
G00 G49 Z200.                 Y70.
M05                           X69.
M00                           Y64.
                              X63.
T03 M06                       Y70.
S1000 M03                     X69.
G00 X35. Y35.                 Y-1.
G43 H03 Z200.                 X-15.
Z20. M08                      Y-15.
G83 G99 Z-32. R5. Q3. F100
G00 Z20.                      G01 Z-4.
G80 M09                       G41 D01 G01 X7.
G00 G49 Z200.                 Y59.
M05                           X10.
M00                           Y52.
                              G03 X22. Y52. R6.
T04 M06                       G01 X22. Y59.
S100 M03                      X30.
G00 X35. Y35.                 G03 X35. Y64. R5.
G43 H04 Z200.                 G01 X53. Y64.
Z20. M08                      G03 X63. Y54. R10.
G84 G99 Z-32. R5. F125        G01 X63. Y11.
G00 Z20.                      X55.
G80 M09                       G03 X43. Y11. R6.
G00 G49 Z200.                 G01 X39.
M05                           G03 X33. Y5. R6.
M00                           G01 X22. Y5.
                              X7. Y10.
T01 M06                       Y15.
S2000 M03                     X-15.
G00 X-15. Y-15.               Y-15.
G43 H01 Z200.
Z20. M08                      G01 Z-8.
G01 Z-4. F200                 G41 D01 G01 X7.
X1.                           Y59.
```

```
X10.                          G40 M09
Y52.                          G00 G49 Z200.
G03 X22. Y52. R6.             M05
G01 X22. Y59.                 M02
X30.                          %
G03 X35. Y64. R5.
G01 X53. Y64.
G03 X63. Y54. R10.
G01 X63. Y5.
X22.
X7. Y10.
Y15.
X-15.
Y-15.
G00 Z20.
G40 M09
G00 G49 Z200.
M05
M00

T05 M06
S2000 M03
G00 X-15. Y-15.
G43 H05 Z200.
Z20. M08
G01 Z-2.3 F200
G41 D05 G01 X7.
Y59.
X10.
Y52.
G03 X22. Y52. R6.
G01 X22. Y59.
X30.
G03 X35. Y64. R5.
G01 X53. Y64.
G03 X63. Y54. R10.
G01 X63. Y11.
X55.
G03 X43. Y11. R6.
G01 X39.
G03 X33. Y5. R6.
G01 X22. Y5.
X7. Y10.
Y15.
X-15.
Y-15.
G00 Z20.
```

6) 공개문제 6

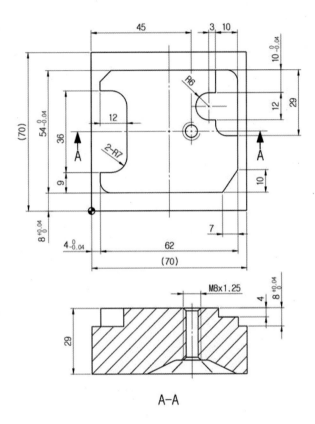

A-A

주서
1. 도시되고 지시없는 모따기 및 라운드는 C5, R5
2. 일반 모따기 C0.2
3. 상면 형상 1단 모따기 C0.3(챔퍼밀 사용)

공구번호	공구명	비고	공구번호	공구명	비고
T01	평엔드밀	$\phi 10$	T07	볼엔드밀	$\phi 6$
T02	센터드릴	$\phi 3$	T08	볼엔드밀	$\phi 8$
T03	드릴	$\phi 6.8$	T09	볼엔드밀	$\phi 10$
T04	탭	M8×1.25	T10	페이스커터	$\phi 100$
T05	챔퍼밀	$\phi 6 \times 45°$	T20	터치센터	$\phi 10$
T06	볼엔드밀	$\phi 4$	T21	아큐센터	$\phi 10$

※ 아래 프로그램은 공작물의 높이(Z값)만큼 페이스커터를 사용하여 수작업으로 가공한 상태에서 작성한 프로그램이다.

```
%                                        Y30.
O0006                                    X10.
G40 G49 G54 G80 G90                      Y40.
                                         X-2.
T02 M06                                  Y68.
S1000 M03                                X66.
G00 X45. Y35.                            Y46.
G43 H02 Z200.                            X72.
Z20. M08                                 Y2.
G81 G99 Z-3. R5. F100                    X-15.
G00 Z20.                                 Y-15.
G80 M09
G00 G49 Z200.                            G01 Z-8.
M05                                      X-2.
M00                                      Y30.
                                         X10.
T03 M06                                  Y40.
S1000 M03                                X-2.
G00 X45. Y35.                            Y68.
G43 H03 Z200.                            X72.
Z20. M08                                 Y2.
G83 G99 Z-32. R5. Q3. F100               X-15.
G00 Z20.                                 Y-15.
G80 M09
G00 G49 Z200.                            G01 Z-4.
M05                                      G41 D01 G01 X4.
M00                                      Y17.
                                         X9.
T04 M06                                  G03 X16. Y24. R7.
S100 M03                                 G01 X16. Y46.
G00 X45. Y35.                            G03 X9. Y53. R7.
G43 H04 Z200.                            G01 X4. Y53.
Z20. M08                                 Y57.
G84 G99 Z-32. R5. F125                   X9. Y62.
G00 Z20.                                 X56.
G80 M09                                  Y52.
G00 G49 Z200.                            X53.
M05                                      G03 X53. Y40. R6.
M00                                      G01 X56. Y40.
                                         G01 X56. Y38.
T01 M06                                  G03 X61. Y33. R5.
S2000 M03                                G01 X66.
G00 X-15. Y-15.                          Y18.
G43 H01 Z200.                            X59. Y8.
Z20. M08                                 X9.
G01 Z-4. F200                            G02 X4. Y13. R5.
X-2.                                     G01 X4. Y20.
```

X-15.
Y-15.

G01 Z-8.
G41 D01 G01 X4.
Y17.
X9.
G03 X16. Y24. R7.
G01 X16. Y46.
G03 X9. Y53. R7.
G01 X4. Y53.
Y57.
X9. Y62.
X61.
G02 X66. Y57. R5.
G01 X66. Y18.
X59. Y8.
X9.
G02 X4. Y13. R5.
G01 X4. Y20.
X-15.
Y-15.
G00 Z20.
G40 M09
G00 G49 Z200.
M05
M00

T05 M06
S2000 M03
G00 X-15. Y-15.
G43 H05 Z200.
Z20. M08
G01 Z-2.3 F200
G41 D05 G01 X4.
Y17.
X9.
G03 X16. Y24. R7.
G01 X16. Y46.
G03 X9. Y53. R7.
G01 X4. Y53.
Y57.
X9. Y62.
X56.
Y52.
X53.
G03 X53. Y40. R6.

G01 X56. Y40.
G01 X56. Y38.
G03 X61. Y33. R5.
G01 X66.
Y18.
X59. Y8.
X9.
G02 X4. Y13. R5.
G01 X4. Y20.
X-15.
Y-15.
G00 Z20.
G40 M09
G00 G49 Z200.
M05
M02
%

7) 공개문제 7

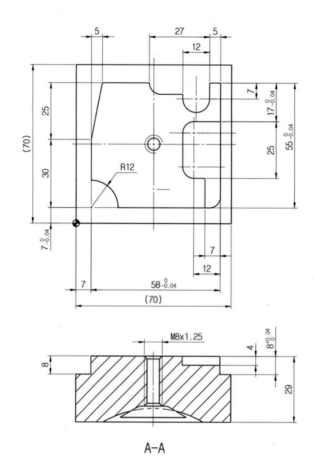

A-A

주서
1. 도시되고 지시없는 모따기 및 라운드는 C5, R5
2. 일반 모따기 C0.2
3. 상면 형상 1단 모따기 C0.3(챔퍼밀 사용)

공구번호	공구명	비고	공구번호	공구명	비고
T01	평엔드밀	$\phi10$	T07	볼엔드밀	$\phi6$
T02	센터드릴	$\phi3$	T08	볼엔드밀	$\phi8$
T03	드릴	$\phi6.8$	T09	볼엔드밀	$\phi10$
T04	탭	M8×1.25	T10	페이스커터	$\phi100$
T05	챔퍼밀	$\phi6×45°$	T20	터치센터	$\phi10$
T06	볼엔드밀	$\phi4$	T21	아큐센터	$\phi10$

※ 아래 프로그램은 공작물의 높이(Z값)만큼 페이스커터를 사용하여 수작업으로 가공한 상태에서 작성한 프로그램이다.

```
%
O0007
G40 G49 G54 G80 G90

T02 M06
S1000 M03
G00 X35. Y35.
G43 H02 Z200.
Z20. M08
G81 G99 Z-3. R5. F100
G00 Z20.
G80 M09
G00 G49 Z200.
M05
M00

T03 M06
S1000 M03
G00 X35. Y35.
G43 H03 Z200.
Z20. M08
G83 G99 Z-32. R5. Q3. F100
G00 Z20.
G80 M09
G00 G49 Z200.
M05
M00

T04 M06
S100 M03
G00 X35. Y35.
G43 H04 Z200.
Z20. M08
G84 G99 Z-32. R5. F125
G00 Z20.
G80 M09
G00 G49 Z200.
M05
M00

T01 M06
S2000 M03
G00 X-15. Y-15.
G43 H01 Z200.
Z20. M08
G01 Z-4. F200
X1.
```

```
Y68.
X54.
Y63.
X39.
Y68.
X71.
Y26.
X54.
Y39.
X71.
Y26.
X60.
Y39.
X65.
Y1.
X0.
Y7.
X7.
Y-15.
X-15.

G01 Z-8.
X1.
Y68.
X54.
Y63.
X39.
Y68.
X71.
Y1.
X0.
Y7.
X7.
Y-15.
X-15.

G01 Z-4.
G41 D01 G01 X7.
Y37.
X12. Y62.
X33.
G03 X38. Y57. R5.
G01 X48.
Y55.
G03 X60. Y55. R6.
G01 X60. Y62.
X65.
```

<table>
<tr><td>

Y45.
X53.
G03 X48. Y40. R5.
G01 X48. Y25.
G03 X53. Y20. R5.
G01 X58. Y20.
Y7.
X19.
G03 X7. Y19. R12.
G01 X−15. Y19.
Y−15.

G01 Z−8.
G41 D01 G01 X7.
Y37.
X12. Y62.
X33.
G03 X38. Y57. R5.
G01 X48.
Y55.
G03 X60. Y55. R6.
G01 X60. Y62.
X65.
Y12.
G02 X60. Y7. R5.
G01 X19. Y7.
G03 X7. Y19. R12.
G01 X−15. Y19.
Y−15.
G00 Z20.
G40 M09
G00 G49 Z200.
M05
M00

T05 M06
S2000 M03
G00 X−15. Y−15.
G43 H05 Z200.
Z20. M08
G01 Z−2.3 F200
G41 D05 G01 X7.
Y37.
X12. Y62.
X33.
G03 X38. Y57. R5.
G01 X48.

</td><td>

Y55.
G03 X60. Y55. R6.
G01 X60. Y62.
X65.
Y45.
X53.
G03 X48. Y40. R5.
G01 X48. Y25.
G03 X53. Y20. R5.
G01 X58. Y20.
Y7.
X19.
G03 X7. Y19. R12.
G01 X−15. Y19.
Y−15.
G00 Z20.
G40 M09
G00 G49 Z200.
M05
M02
%

</td></tr>
</table>

8) 공개문제 8

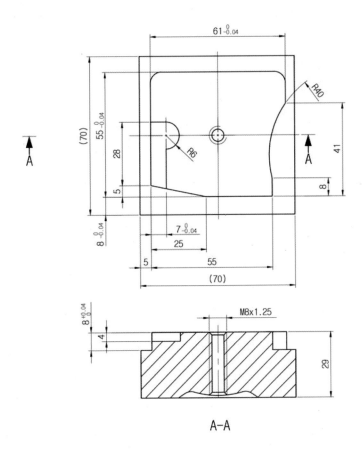

A-A

주서
1. 도시되고 지시없는 모따기 및 라운드는 C5, R5
2. 일반 모따기 C0.2
3. 상면 형상 1단 모따기 C0.3(챔퍼밀 사용)

공구번호	공구명	비고	공구번호	공구명	비고
T01	평엔드밀	$\phi10$	T07	볼엔드밀	$\phi6$
T02	센터드릴	$\phi3$	T08	볼엔드밀	$\phi8$
T03	드릴	$\phi6.8$	T09	볼엔드밀	$\phi10$
T04	탭	M8×1.25	T10	페이스커터	$\phi100$
T05	챔퍼밀	$\phi6×45°$	T20	터치센터	$\phi10$
T06	볼엔드밀	$\phi4$	T21	아큐센터	$\phi10$

※ 아래 프로그램은 공작물의 높이(Z값)만큼 페이스커터를 사용하여 수작업으로 가공한 상태에서 작성한 프로그램이다.

```
%                                    Y35.
O0008                                X-1.
G40 G49 G54 G80 G90                  Y69.
                                     X72.
                                     Y35.
T02 M06                              X66.
S1000 M03                            Y2.
G00 X35. Y35.                        X-15.
G43 H02 Z200.                        Y-15.
Z20. M08
G81 G99 Z-3. R5. F100                G01 Z-8.
G00 Z20.                             X-1.
G80 M09                              Y69.
G00 G49 Z200.                        X72.
M05                                  Y35.
M00                                  X66.
                                     Y2.
                                     X-15.
T03 M06                              Y-15.
S1000 M03
G00 X35. Y35.                        G01 Z-4.
G43 H03 Z200.                        G41 D01 G01 X12.
Z20. M08                             Y29.
G83 G99 Z-32. R5. Q3. F100           G03 X12. Y41. R6.
G00 Z20.                             G01 X5. Y41.
G80 M09                              Y58.
G00 G49 Z200.                        G02 X10. Y63. R5.
M05                                  G01 X61. Y63.
M00                                  G02 X66. Y58. R5.
                                     G01 X66. Y49.
                                     G03 X60. Y16. R40.
T04 M06                              G01 X60. Y8.
S100 M03                             X30.
G00 X35. Y35.                        X5. Y13.
G43 H04 Z200.                        Y15.
Z20. M08                             X-15.
G84 G99 Z-32. R5. F125               Y-15.
G00 Z20.
G80 M09                              G01 Z-8.
G00 G49 Z200.                        G41 D01 G01 X5.
M05                                  Y58.
M00                                  G02 X10. Y63. R5.
                                     G01 X61. Y63.
                                     G02 X66. Y58. R5.
T01 M06                              G01 X66. Y49.
S2000 M03                            G03 X60. Y16. R40.
G00 X-15. Y-15.                      G01 X60. Y8.
G43 H01 Z200.
Z20. M08
G01 Z-4. F200
X4.
```

```
X30.
X5. Y13.
Y15.
X-15.
Y-15.
G00 Z20.
G40 M09
G00 G49 Z200.
M05
M00

T05 M06
S2000 M03
G00 X-15. Y-15.
G43 H05 Z200.
Z20. M08
G01 Z-2.3 F200
G41 D05 G01 X12.
Y29.
G03 X12. Y41. R6.
G01 X5. Y41.
Y58.
G02 X10. Y63. R5.
G01 X61. Y63.
G02 X66. Y58. R5.
G01 X66. Y49.
G03 X60. Y16. R40.
G01 X60. Y8.
X30.
X5. Y13.
Y15.
X-15.
Y-15.
G00 Z20.
G40 M09
G00 G49 Z200.
M05
M02
%
```

9) 공개문제 9

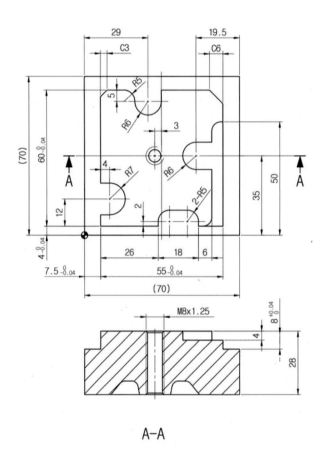

A-A

주서
1. 도시되고 지시없는 모따기 및 라운드는 C3, R5
2. 일반 모따기 C0.2
3. 상면 형상 1단 모따기 C0.3(챔퍼밀 사용)

공구번호	공구명	비고	공구번호	공구명	비고
T01	평엔드밀	$\phi10$	T07	볼엔드밀	$\phi6$
T02	센터드릴	$\phi3$	T08	볼엔드밀	$\phi8$
T03	드릴	$\phi6.8$	T09	볼엔드밀	$\phi10$
T04	탭	M8×1.25	T10	페이스커터	$\phi100$
T05	챔퍼밀	$\phi6×45°$	T20	터치센터	$\phi10$
T06	볼엔드밀	$\phi4$	T21	아큐센터	$\phi10$

※ 아래 프로그램은 공작물의 높이(Z값)만큼 페이스커터를 사용하여 수작업으로 가공한 상태에서 작성한
프로그램이다.

```
%
O0009
G40 G49 G54 G80 G90

T02 M06
S1000 M03
G00 X32. Y35.
G43 H02 Z200.
Z20. M08
G81 G99 Z-3. R5. F100
G00 Z20.
G80 M09
G00 G49 Z200.
M05
M00

T03 M06
S1000 M03
G00 X32. Y35.
G43 H03 Z200.
Z20. M08
G83 G99 Z-32. R5. Q3. F100
G00 Z20.
G80 M09
G00 G49 Z200.
M05
M00

T04 M06
S100 M03
G00 X32. Y35.
G43 H04 Z200.
Z20. M08
G84 G99 Z-32. R5. F125
G00 Z20.
G80 M09
G00 G49 Z200.
M05
M00

T01 M06
S2000 M03
G00 X-15. Y-15.
G43 H01 Z200.
Z20. M08
G01 Z-4. F200
X1.5
```

```
Y70.
X68.5
Y-2.
X63.5
Y35.
X68.5
Y-2.
X-15.
Y-15.

G01 Z-8.
X1.5
Y70.
X68.5
Y-2.
X-15.
Y-15.

G01 Z-4.
G41 D01 G01 X7.5
Y9.
X11.5
G03 X11.5 Y23. R7.
G01 X7.5 Y23.
Y61.
X10.5 Y64.
X18.
G02 X23. Y59. R5.
G03 X35. Y59. R6.
G01 X35. Y64.
X56.5
X62.5 Y58.

Y50.
G03 X57.5 Y45. R5.
G01 X57.5 Y41.
X50.5
G03 X50.5 Y29. R6.
G01 X57.5
Y9.
G02 X52.5 Y4. R5.
G01 X51.5 Y4.
Y6.
G03 X46.5 Y11. R5.
G01 X38.5
G03 X33.5 Y6. R5.
G01 Y4.
```

X−15.
Y−15.

G01 Z−8.
G41 D01 G01 X7.5
Y9.
X11.5
G03 X11.5 Y23. R7.
G01 X7.5 Y23.
Y61.
X10.5 Y64.
X18.
G02 X23. Y59. R5.
G03 X35. Y59. R6.
G01 X35. Y64.
X56.5
X62.5 Y58.
Y4.
G01 X51.5 Y4.
Y6.
G03 X46.5 Y11. R5.
G01 X38.5
G03 X33.5 Y6. R5.
G01 Y4.
X−15.
Y−15.
G00 Z20.
G40 M09
G00 G49 Z200.
M05
M00

T05 M06
S2000 M03
G00 X−15. Y−15.
G43 H05 Z200.
Z20. M08
G01 Z−2.3 F200
G41 D05 G01 X7.5
Y9.
X11.5
G03 X11.5 Y23. R7.
G01 X7.5 Y23.
Y61.
X10.5 Y64.
X18.
G02 X23. Y59. R5.

G03 X35. Y59. R6.
G01 X35. Y64.
X56.5
X62.5 Y58.
Y50.
G03 X57.5 Y45. R5.
G01 X57.5 Y41.
X50.5
G03 X50.5 Y29. R6.
G01 X57.5
Y9.
G02 X52.5 Y4. R5.
G01 X51.5 Y4.
Y6.
G03 X46.5 Y11. R5.
G01 X38.5
G03 X33.5 Y6. R5.
G01 Y4.
X−15.
Y−15.
G00 Z20.
G40 M09
G00 G49 Z200.
M05
M02
%

10) 공개문제 10

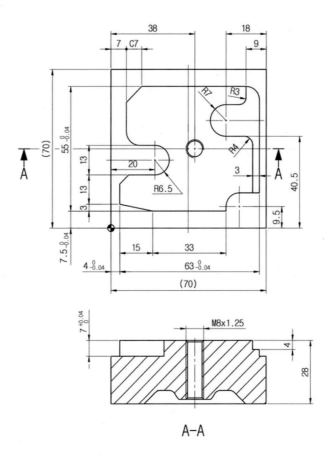

A-A

주서
1. 도시되고 지시없는 모따기 및 라운드는 C4, R6
2. 일반 모따기 C0.2
3. 상면 형상 1단 모따기 C0.3(챔퍼밀 사용)

공구번호	공구명	비고	공구번호	공구명	비고
T01	평엔드밀	$\phi10$	T07	볼엔드밀	$\phi6$
T02	센터드릴	$\phi3$	T08	볼엔드밀	$\phi8$
T03	드릴	$\phi6.8$	T09	볼엔드밀	$\phi10$
T04	탭	M8×1.25	T10	페이스커터	$\phi100$
T05	챔퍼밀	$\phi6×45°$	T20	터치센터	$\phi10$
T06	볼엔드밀	$\phi4$	T21	아큐센터	$\phi10$

※ 아래 프로그램은 공작물의 높이(Z값)만큼 페이스커터를 사용하여 수작업으로 가공한 상태에서 작성한
프로그램이다.

```
%
O0010
G40 G49 G54 G80 G90

T02 M06
S1000 M03
G00 X38. Y35.
G43 H02 Z200.
Z20. M08
G81 G99 Z-3. R5. F100
G00 Z20.
G80 M09
G00 G49 Z200.
M05
M00

T03 M06
S1000 M03
G00 X38. Y35.
G43 H03 Z200.
Z20. M08
G83 G99 Z-32. R5. Q3. F100
G00 Z20.
G80 M09
G00 G49 Z200.
M05
M00

T04 M06
S100 M03
G00 X38. Y35.
G43 H04 Z200.
Z20. M08
G84 G99 Z-32. R5. F125
G00 Z20.
G80 M09
G00 G49 Z200.
M05
M00

T01 M06
S2000 M03
G00 X-15. Y-15.
G43 H01 Z200.
Z20. M08
G01 Z-4. F200
X-2.

Y30.
X20.
X1.
Y68.5
X67.
Y47.5
X52.
X70.
Y1.5
X58.
Y9.5
X70.
Y1.5
X-15.
Y-15.

G01 Z-7.
X-2.
Y30.
X20.
X1.
Y68.5
X73.
Y1.5
X58.
Y9.5
X70.
Y1.5
X-15.
Y-15.

G01 Z-4.
G41 D01 G01 X4.
Y19.5
X8. Y23.5
X20.
G03 X20. Y36.5 R6.5
G01 X13. Y36.5
G02 X7. Y42.5 R6.
G01 X7. Y55.5
X14. Y62.5
X61.
Y57.5
G02 X58. Y54.5 R3.
G01 X52. Y54.5
G03 X52. Y40.5 R7.
G01 X60. Y40.5
```

G02 X64. Y36.5 R4.
G01 X64. Y15.5
X58.
G03 X52. Y9.5 R6.
G01 X52. Y7.5
X19.
X4. Y10.5
Y12.
X-15.
Y-15.

G01 Z-7.
G41 D01 G01 X4.
Y19.5
X8. Y23.5
X20.
G03 X20. Y36.5 R6.5
G01 X13. Y36.5
G02 X7. Y42.5 R6.
G01 X7. Y55.5
X14. Y62.5
X61.
G02 X67. Y56.5 R6.
G01 X67. Y15.5
X58.
G03 X52. Y9.5 R6.
G01 X52. Y7.5
X19.
X4. Y10.5
Y12.
X-15.
Y-15.
G00 Z20.
G40 M09
G00 G49 Z200.
M05
M00

T05 M06
S2000 M03
G00 X-15. Y-15.
G43 H05 Z200.
Z20. M08
G01 Z-2.3 F200
G41 D05 G01 X4.
Y19.5
X8. Y23.5

X20.
G03 X20. Y36.5 R6.5
G01 X13. Y36.5
G02 X7. Y42.5 R6.
G01 X7. Y55.5
X14. Y62.5
X61.
Y57.5
G02 X58. Y54.5 R3.
G01 X52. Y54.5
G03 X52. Y40.5 R7.
G01 X60. Y40.5
G02 X64. Y36.5 R4.
G01 X64. Y15.5
X58.
G03 X52. Y9.5 R6.
G01 X52. Y7.5
X19.
X4. Y10.5
Y12.
X-15.
Y-15.
G00 Z20.
G40 M09
G00 G49 Z200.
M05
M02
%

11) 공개문제 11

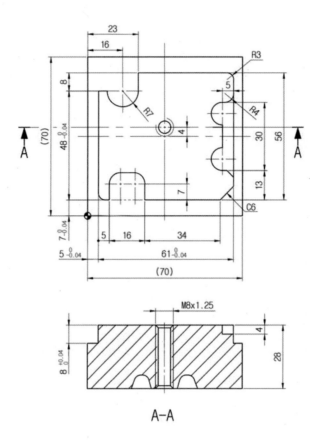

A−A

주서
1. 도시되고 지시없는 모따기 및 라운드는 C3, R5
2. 일반 모따기 C0.2
3. 상면 형상 1단 모따기 C0.3(챔퍼밀 사용)

공구번호	공구명	비고	공구번호	공구명	비고
T01	평엔드밀	$\phi10$	T07	볼엔드밀	$\phi6$
T02	센터드릴	$\phi3$	T08	볼엔드밀	$\phi8$
T03	드릴	$\phi6.8$	T09	볼엔드밀	$\phi10$
T04	탭	M8×1.25	T10	페이스커터	$\phi100$
T05	챔퍼밀	$\phi6×45°$	T20	터치센터	$\phi10$
T06	볼엔드밀	$\phi4$	T21	아큐센터	$\phi10$

※ 아래 프로그램은 공작물의 높이(Z값)만큼 페이스커터를 사용하여 수작업으로 가공한 상태에서 작성한 프로그램이다.

```
%
O0011
G40 G49 G54 G80 G90

T02 M06
S1000 M03
G00 X35. Y39.
G43 H02 Z200.
Z20. M08
G81 G99 Z-3. R5. F100
G00 Z20.
G80 M09
G00 G49 Z200.
M05
M00

T03 M06
S1000 M03
G00 X35. Y39.
G43 H03 Z200.
Z20. M08
G83 G99 Z-32. R5. Q3. F100
G00 Z20.
G80 M09
G00 G49 Z200.
M05
M00

T04 M06
S100 M03
G00 X35. Y39.
G43 H04 Z200.
Z20. M08
G84 G99 Z-32. R5. F125
G00 Z20.
G80 M09
G00 G49 Z200.
M05
M00

T01 M06
S2000 M03
G00 X-15. Y-15.
G43 H01 Z200.
Z20. M08
G01 Z-4. F200
X-1.
```

```
Y69.
X72.
Y1.
X-15.
Y-15.

G01 Z-8.
X-1.
Y69.
X72.
Y1.
X-15.
Y-15.

G01 Z-4.
G41 D01 G01 X5.
Y55.
X9.
G03 X23. Y55. R7.
G01 X23. Y63.
X63.
G02 X66. Y60. R3.
G01 X66. Y54.
G02 X62. Y50. R4.
G01 X61. Y50.
G03 X61. Y40. R5.
G01 X61. Y30.
G03 X61. Y20. R5.
G01 X63. Y20.
X66. Y17.
Y13.
X60. Y7.
X26.
Y14.
G03 X21. Y19. R5.
G01 X15. Y19.
G03 X10. Y14. R5.
G01 X10. Y7.
G02 X5. Y12. R5.
G01 Y15.
X-15.
Y-15.

G01 Z-8.
G41 D01 G01 X5.
Y55.
X9.
```

```
G03 X23. Y55. R7.             G03 X21. Y19. R5.
G01 X23. Y63.                 G01 X15. Y19.
X63.                          G03 X10. Y14. R5.
G02 X66. Y60. R3.             G01 X10. Y7.
G01 X66. Y13.                 G02 X5. Y12. R5.
X60. Y7.                      G01 Y15.
X26.                          X-15.
Y14.                          Y-15.
G03 X21. Y19. R5.             G00 Z20.
G01 X15. Y19.                 G40 M09
G03 X10. Y14. R5.             G00 G49 Z200.
G01 X10. Y7.                  M05
G02 X5. Y12. R5.              M02
G01 Y15.                      %
X-15.
Y-15.
G00 Z20.
G40 M09
G00 G49 Z200.
M05
M00

T05 M06
S2000 M03
G00 X-15. Y-15.
G43 H05 Z200.
Z20. M08
G01 Z-2.3 F200
G41 D05 G01 X5.
Y55.
X9.
G03 X23. Y55. R7.
G01 X23. Y63.
X63.
G02 X66. Y60. R3.
G01 X66. Y54.
G02 X62. Y50. R4.
G01 X61. Y50.
G03 X61. Y40. R5.
G01 X61. Y30.
G03 X61. Y20. R5.
G01 X63. Y20.
X66. Y17.
Y13.
X60. Y7.
X26.
Y14.
```

12) 공개문제 12

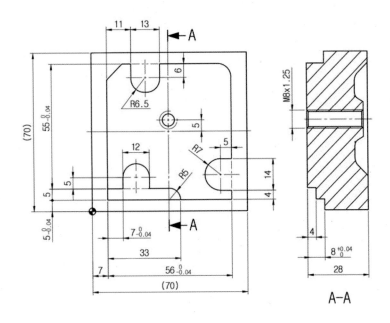

주서
1. 도시되고 지시없는 모따기 및 라운드는 C7, R6
2. 일반 모따기 C0.2
3. 상면 형상 1단 모따기 C0.3(챔퍼밀 사용)

공구번호	공구명	비고	공구번호	공구명	비고
T01	평엔드밀	$\phi10$	T07	볼엔드밀	$\phi6$
T02	센터드릴	$\phi3$	T08	볼엔드밀	$\phi8$
T03	드릴	$\phi6.8$	T09	볼엔드밀	$\phi10$
T04	탭	M8×1.25	T10	페이스커터	$\phi100$
T05	챔퍼밀	$\phi6×45°$	T20	터치센터	$\phi10$
T06	볼엔드밀	$\phi4$	T21	아큐센터	$\phi10$

※ 아래 프로그램은 공작물의 높이(Z값)만큼 페이스커터를 사용하여 수작업으로 가공한 상태에서 작성한 프로그램이다.

```
%                                    Y71.
O0012                                X69.
G40 G49 G54 G80 G90                  Y-1.
                                     X-15.
T02 M06                              Y-15.
S1000 M03
G00 X35. Y40.                        G01 Z-8.
G43 H02 Z200.                        X1.
Z20. M08                             Y71.
G81 G99 Z-3. R5. F100                X69.
G00 Z20.                             Y-1.
G80 M09                              X-15.
G00 G49 Z200.                        Y-15.
M05
M00                                  G01 Z-4.
                                     G41 D01 G01 X7.
T03 M06                              Y58.
S1000 M03                            X14. Y65.
G00 X35. Y40.                        X18.
G43 H03 Z200.                        Y59.
Z20. M08                             G03 X31. Y59. R6.5
G83 G99 Z-32. R5. Q3. F100           G01 X31. Y65.
G00 Z20.                             X57.
G80 M09                              G02 X63. Y59. R6.
G00 G49 Z200.                        G01 X63. Y23.
M05                                  X58.
M00                                  G03 X58. Y9. R7.
                                     G01 X63. Y9.
T04 M06                              X63. Y5.
S100 M03                             X40.
G00 X35. Y40.                        G03 X35. Y10. R5.
G43 H04 Z200.                        G01 X26. Y10.
Z20. M08                             Y15.
G84 G99 Z-32. R5. F125               G03 X14. Y15. R6.
G00 Z20.                             G01 X14. Y10.
G80 M09                              X-15.
G00 G49 Z200.                        Y-15.
M05
M00                                  G01 Z-8.
                                     G41 D01 G01 X7.
T01 M06                              Y58.
S2000 M03                            X14. Y65.
G00 X-15. Y-15.                      X18.
G43 H01 Z200.                        Y59.
Z20. M08                             G03 X31. Y59. R6.5
G01 Z-4. F200                        G01 X31. Y65.
X1.                                  X57.
```

```
G02 X63. Y59. R6.
G01 X63. Y23.
X58.
G03 X58. Y9. R7.
G01 X63. Y9.
X63. Y5.
X-15.
Y-15.
G00 Z20.
G40 M09
G00 G49 Z200.
M05
M00

T05 M06
S2000 M03
G00 X-15. Y-15.
G43 H05 Z200.
G00 Z20. M08
G01 Z-2.3 F200
G41 D05 G01 X7.
Y58.
X14. Y65.
X18.
Y59.
G03 X31. Y59. R6.5
G01 X31. Y65.
X57.
G02 X63. Y59. R6.
G01 X63. Y23.
X58.
G03 X58. Y9. R7.
G01 X63. Y9.
X63. Y5.
X40.
G03 X35. Y10. R5.
G01 X26. Y10.
Y15.
G03 X14. Y15. R6.
G01 X14. Y10.
X-15.
Y-15.
G00 Z20.
G40 M09
G00 G49 Z200.
M05
M02
```

```
%
```

2. 선반가공작업 공개문제

1) 공개문제 1

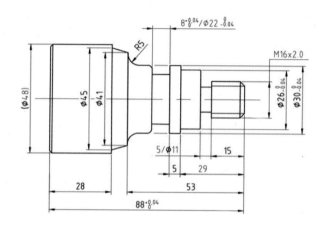

주서
1. 도시되고 지시없는 모따기 C1, 필렛 및 라운드 R2
2. 일반 모따기 C0.2~0.3

	M16×2.0 보통급	
수나사	외경	$15.962_{-0.28}^{0}$
	유효경	$14.663_{-0.16}^{0}$

공구번호	공구명	비고	공구번호	공구명	비고
T01	황삭 바이트		T05	홈 바이트	4mm
T03	정삭 바이트		T07	나사 바이트	

CNC선반 나사 절삭 데이터(참고용)											
절입 횟수	피치	1회	2회	3회	4회	5회	6회	7회	8회	계	비고
매회절삭	1.5	0.35	0.20	0.14	0.10	0.05	0.05	−	−	0.89	반경
깊이	2.0	0.35	0.25	0.19	0.12	0.10	0.08	0.05	0.05	1.19	

※ 아래 프로그램은 전체 길이만큼 수작업으로 가공한 상태에서 작성한 프로그램이다.
※ 아래 프로그램에서 점선은 각 과정(선반 프로그램 작성순서 참조)을 구분한 것이다.
※ 프로그램 작성 시 '공작물 회전'과 같은 한글은 작성하지 않는다.
※ 음영 처리된 부분은 순차적으로 원활한 조립성을 위하여 X15.8, X13.4~13.5 가공을 권장한다.

%
O0001
G28 U0. W0.
G50 S2000

T0101
G96 S200 M03
G00 X55. Z5. M08
G71 U1.0 R0.5
G71 P10 Q20 U0.4 W0.2 F0.2
N10 G01 X−1.
Z0.
X46.
X48. Z−1.
Z−30.
N20 X55.
G00 X150. Z150. T0100 M09
M05
M00

T0303
G96 S200 M03
G00 X55. Z5. M08
G70 P10 Q20 F0.1
G00 X150. Z150. T0300 M09
M05
M00

(공작물 회전)

T0101
G96 S200 M03
G00 X55. Z5. M08
G71 U1.0 R0.5
G71 P30 Q40 U0.4 W0.2 F0.2
N30 G01 X−1.
Z0.
X14.
X16. Z−2.
Z−20.
X25.58
X25.98 Z−20.2
Z−29.
X29.58
X29.98 Z−29.2
Z−48.
G02 X40. Z−53. R5.
G01 X40.6 Z−53.
X41. Z−53.2
X45. Z−60.
X47.6

X48. Z−60.2
Z−62.
N40 X55.
G00 X150. Z150. T0100 M09
M05
M00

T0303
G96 S200 M03
G00 X55. Z5. M08
G70 P30 Q40 F0.1
G00 X150. Z150. T0300 M09
M05
M00

T0505
G97 S500 M03
G00 X35. Z−42. M08
G01 X21.96 F0.05
G04 P500
G01 X35.
Z−40.
G01 X21.96
G04 P500
G01 X35.
Z−38.
G01 X21.96
G04 P500
G01 X35.
Z−37.8
G01 X30.
X29.6 Z−37.98
G01 X21.96
G04 P500
G01 X35.
Z−44.
G01 X30.
G02 X26. Z−42. R2.
G01 X21.96
G04 P500
G01 X35.
G00 Z−20.
G01 X11.
G04 P500
G01 X35.
Z−19.
G01 X11.
G04 P500
G01 X35.

```
G00 X150. Z150. T0500 M09
M05
M00
```

```
T0707
G97 S500 M03
G00 X25. Z5. M08
G76 P010060 Q50 R20
G76 P1190 Q350 X13.62 Z-17. F2.0
G00 X150. Z150. T0700 M09
M05
M02
%
```

2) 공개문제 2

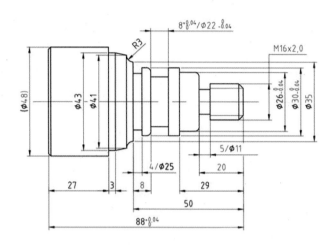

주서
1. 도시되고 지시없는 모따기 C1, 필렛 및 라운드 R2
2. 일반 모따기 C0.2~0.3

수나사	M16×2.0 보통급	
	외경	$15.962^{0}_{-0.28}$
	유효경	$14.663^{0}_{-0.16}$

공구번호	공구명	비고	공구번호	공구명	비고
T01	황삭 바이트		T05	홈 바이트	4mm
T03	정삭 바이트		T07	나사 바이트	

CNC선반 나사 절삭 데이터(참고용)											
절입 횟수	피치	1회	2회	3회	4회	5회	6회	7회	8회	계	비고
매회절삭 깊이	1.5	0.35	0.20	0.14	0.10	0.05	0.05	–	–	0.89	반경
	2.0	0.35	0.25	0.19	0.12	0.10	0.08	0.05	0.05	1.19	

※ 아래 프로그램은 전체 길이만큼 수작업으로 가공한 상태에서 작성한 프로그램이다.
※ 아래 프로그램에서 점선은 각 과정(선반 프로그램 작성순서 참조)을 구분한 것이다.
※ 프로그램 작성 시 '공작물 회전'과 같은 한글은 작성하지 않는다.
※ 음영 처리된 부분은 순차적으로 원활한 조립성을 위하여 X15.8, X13.4~13.5 가공을 권장한다.

```
%
O0002
G28 U0. W0.
G50 S2000

T0101
G96 S200 M03
G00 X55. Z5. M08
G71 U1.0 R0.5
G71 P10 Q20 U0.4 W0.2 F0.2
N10 G01 X-1.
Z0.
X46.
X48. Z-1.
Z-30.
N20 X55.
G00 X150. Z150. T0100 M09
M05
M00

T0303
G96 S200 M03
G00 X55. Z5. M08
G70 P10 Q20 F0.1
G00 X150. Z150. T0300 M09
M05
M00

(공작물 회전)

T0101
G96 S200 M03
G00 X55. Z5. M08
G71 U1.0 R0.5
G71 P30 Q40 U0.4 W0.2 F0.2
N30 G01 X-1.
Z0.
X14.
X16. Z-2.
Z-20.
X21.98
G03 X25.98 Z-22. R2.0
G01 X25.98 Z-29.
X29.58
X29.98 Z-29.2
Z-50.
X35.
G02 X41. Z-53. R3.0
G01 X43. Z-58.
Z-61.
X47.6
X48. Z-61.2
```

```
Z-62.
N40 X55.
G00 X150. Z150. T0100 M09
M05
M00

T0303
G96 S200 M03
G00 X55. Z5. M08
G70 P30 Q40 F0.1
G00 X150. Z150. T0300 M09
M05
M00

T0505
G97 S500 M03
G00 X35. Z-50. M08
G01 X25. F0.05
G04 P500
G01 X35.
Z-49.8
G01 X30.
X29.6 Z-50.
G01 X35.
Z-42.
G01 X21.96
G04 P500
G01 X35.
Z-40.
G01 X21.96
G04 P500
G01 X35.
Z-37.98
G01 X21.96
G04 P500
G01 X35.
Z-37.8
G01 X30.
X29.6 Z-38.
G01 X35.
Z-44.
G01 X30.
G02 X26. Z-42. R2.0
G01 X35.
G00 Z-20.
G01 X11.
G04 P500
G01 X35.
Z-19.
```

```
G01 X11.
G04 P500
G01 X35.
G00 X150. Z150. T0500 M09
M05
M00
```

```
T0707
G97 S500 M03
G00 X25. Z5. M08
G76 P010060 Q50 R20
G76 P1190 Q350 X13.62 Z-17. F2.0
G00 X150. Z150. T0700 M09
M05
M02
%
```

3) 공개문제 3

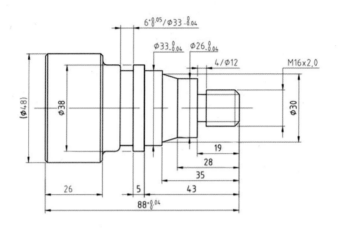

주서
1. 도시되고 지시없는 모따기 C1, 필렛 및 라운드 R2
2. 일반 모따기 C0.2~0.3

	M16×2.0 보통급	
수나사	외경	$15.962_{-0.28}^{0}$
	유효경	$14.663_{-0.16}^{0}$

공구번호	공구명	비고	공구번호	공구명	비고
T01	황삭 바이트		T05	홈 바이트	4mm
T03	정삭 바이트		T07	나사 바이트	

CNC선반 나사 절삭 데이터(참고용)										
절입 횟수	피치	1회	2회	3회	4회	5회	6회	7회	8회	계	비고
매회절삭 깊이	1.5	0.35	0.20	0.14	0.10	0.05	0.05	–	–	0.89	반경
	2.0	0.35	0.25	0.19	0.12	0.10	0.08	0.05	0.05	1.19	

※ 아래 프로그램은 전체 길이만큼 수작업으로 가공한 상태에서 작성한 프로그램이다.
※ 아래 프로그램에서 점선은 각 과정(선반 프로그램 작성순서 참조)을 구분한 것이다.
※ 프로그램 작성 시 '공작물 회전'과 같은 한글은 작성하지 않는다.
※ 음영 처리된 부분은 순차적으로 원활한 조립성을 위하여 X15.8, X13.4~13.5 가공을 권장한다.

```
%
O0003
G28 U0. W0.
G50 S2000

T0101
G96 S200 M03
G00 X55. Z5. M08
G71 U1.0 R0.5
G71 P10 Q20 U0.4 W0.2 F0.2
N10 G01 X−1.
Z0.
X46.
X48. Z−1.
Z−30.
N20 X55.
G00 X150. Z150. T0100 M09
M05
M00

T0303
G96 S200 M03
G00 X55. Z5. M08
G70 P10 Q20 F0.1
G00 X150. Z150. T0300 M09
M05
M00

(공작물 회전)

T0101
G96 S200 M03
G00 X55. Z5. M08
G71 U1.0 R0.5
G71 P30 Q40 U0.4 W0.2 F0.2
N30 G01 X−1.
Z0.
X14.
X16. Z−2.
Z−19.
X25.58
X25.98 Z−19.2
Z−28.
X30. Z−35.
X32.58
X32.98 Z−35.2
Z−43.
X37.6
X38. Z−43.2
Z−60.
G02 X42. Z−62. R2.0
G01 X46.
```

```
X48. Z−63.
N40 X55.
G00 X150. Z150. T0100 M09
M05
M00

T0303
G96 S200 M03
G00 X55. Z5. M08
G70 P30 Q40 F0.1
G00 X150. Z150. T0300 M09
M05
M00

T0505
G97 S500 M03
G00 X45. Z−54. M08
G01 X32.96 F0.05
G04 P500
G01 X45.
Z−52.
G01 X32.96
G04 P500
G01 X45.
Z−51.8
G01 X38.
X37.6 Z−52.
X45.
Z−56.
G01 X38.
G02 X34. Z−54. R2.0
G01 X32.96
G04 P500
G01 X45.
Z−54.02
G01 X32.96
G04 P500
G01 X45.
G00 Z−19.
G01 X12.
G04 P500
G01 X45.
G00 X150. Z150. T0500 M09
M05
M00

T0707
G97 S500 M03
G00 X25. Z5. M08
G76 P010060 Q50 R20
G76 P1190 Q350 X13.62 Z−17. F2.0
```

```
G00 X150. Z150. T0700 M09
M05
M02
%
```

4) 공개문제 4

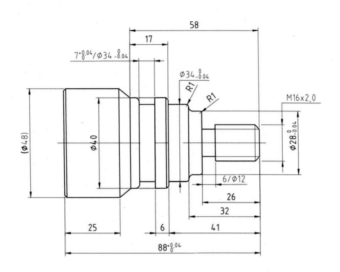

주서
1. 도시되고 지시없는 모따기 C1, 필렛 및 라운드 R2
2. 일반 모따기 C0.2~0.3

	M16×2.0 보통급	
수나사	외경	$15.962_{-0.28}^{0}$
	유효경	$14.663_{-0.16}^{0}$

공구번호	공구명	비고	공구번호	공구명	비고
T01	황삭 바이트		T05	홈 바이트	4mm
T03	정삭 바이트		T07	나사 바이트	

CNC선반 나사 절삭 데이터(참고용)										
절입 횟수	피치	1회	2회	3회	4회	5회	6회	7회	8회	계	비고
매회절삭	1.5	0.35	0.20	0.14	0.10	0.05	0.05	–	–	0.89	반경
깊이	2.0	0.35	0.25	0.19	0.12	0.10	0.08	0.05	0.05	1.19	

※ 아래 프로그램은 전체 길이만큼 수작업으로 가공한 상태에서 작성한 프로그램이다.
※ 아래 프로그램에서 점선은 각 과정(선반 프로그램 작성순서 참조)을 구분한 것이다.
※ 프로그램 작성 시 '공작물 회전'과 같은 한글은 작성하지 않는다.
※ 음영 처리된 부분은 순차적으로 원활한 조립성을 위하여 X15.8, X13.4~13.5 가공을 권장한다.

```
%
O0004
G28 U0. W0.
G50 S2000

T0101
G96 S200 M03
G00 X55. Z5. M08
G71 U1.0 R0.5
G71 P10 Q20 U0.4 W0.2 F0.2
N10 G01 X−1.
Z0.
X46.
X48. Z−1.
Z−30.
N20 X55.
G00 X150. Z150. T0100 M09
M05
M00

T0303
G96 S200 M03
G00 X55. Z5. M08
G70 P10 Q20 F0.1
G00 X150. Z150. T0300 M09
M05
M00

(공작물 회전)

T0101
G96 S200 M03
G00 X55. Z5. M08
G71 U1.0 R0.5
G71 P30 Q40 U0.4 W0.2 F0.2
N30 G01 X−1.
Z0.
X14.
X16. Z−2.
Z−26.
X25.98
G03 X27.98 Z−27. R1.
G01 X27.98 Z−30.
G02 X31.98 Z−32. R2.
G03 X33.98 Z−33. R1.
G01 Z−41.
X38.
X40. Z−42.
Z−58.
X48. Z−63.
Z−64.
N40 X55.
G00 X150. Z150. T0100 M09
```

```
M05
M00

T0303
G96 S200 M03
G00 X55. Z5. M08
G70 P30 Q40 F0.1
G00 X150. Z150. T0300 M09
M05
M00

T0505
G97 S500 M03
G00 X45. Z−54.02
G01 X33.96 F0.05
G04 P500
G01 X45.
Z−51.
G01 X33.96
G04 P500
G01 X45.
Z−50.8
G01 X40.
X39.6 Z−51.
G01 X45.
Z−56.
G01 X40.
G02 X36. Z−54. R2.0
G01 X35.
G01 X45.
G00 Z−26.
G01 X12.
G04 P500
G01 X45.
Z−24.
G01 X12.
G04 P500
G01 X45.
G00 X150. Z150. T0500 M09
M05
M00

T0707
G97 S500 M03
G00 X25. Z5. M08
G76 P010060 Q50 R20
G76 P1190 Q350 X13.62 Z−22. F2.0
G00 X150. Z150. T0700 M09
M05
M02
%
```

5) 공개문제 5

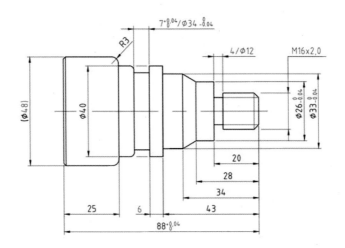

주서
1. 도시되고 지시없는 모따기 C1, 필렛 및 라운드 R2
2. 일반 모따기 C0.2~0.3

		M16×2.0 보통급	
수나사	외경	$15.962^{0}_{-0.28}$	
	유효경	$14.663^{0}_{-0.16}$	

공구번호	공구명	비고	공구번호	공구명	비고
T01	황삭 바이트		T05	홈 바이트	4mm
T03	정삭 바이트		T07	나사 바이트	

CNC선반 나사 절삭 데이터(참고용)										
절입 횟수	피치	1회	2회	3회	4회	5회	6회	7회	8회	계	비고
매회절삭 깊이	1.5	0.35	0.20	0.14	0.10	0.05	0.05	–	–	0.89	반경
	2.0	0.35	0.25	0.19	0.12	0.10	0.08	0.05	0.05	1.19	

※ 아래 프로그램은 전체 길이만큼 수작업으로 가공한 상태에서 작성한 프로그램이다.
※ 아래 프로그램에서 점선은 각 과정(선반 프로그램 작성순서 참조)을 구분한 것이다.
※ 프로그램 작성 시 '공작물 회전'과 같은 한글은 작성하지 않는다.
※ 음영 처리된 부분은 순차적으로 원활한 조립성을 위하여 X15.8, X13.4~13.5 가공을 권장한다.

```
%
O0005
G28 U0. W0.
G50 S2000

T0101
G96 S200 M03
G00 X55. Z5. M08
G71 U1.0 R0.5
G71 P10 Q20 U0.4 W0.2 F0.2
N10 G01 X-1.
Z0.
X46.
X48. Z-1.
Z-30.
N20 X55.
G00 X150. Z150. T0100 M09
M05
M00

T0303
G96 S200 M03
G00 X55. Z5. M08
G70 P10 Q20 F0.1
G00 X150. Z150. T0300 M09
M05
M00

(공작물 회전)

T0101
G96 S200 M03
G00 X55. Z5. M08
G71 U1.0 R0.5
G71 P30 Q40 U0.4 W0.2 F0.2
N30 G01 X-1.
Z0.
X14.
X16. Z-2.
Z-20.
X25.58
X25.98 Z-20.2
Z-28.
X32.98 Z-34.
Z-43.
X39.6
X40. Z-43.2
Z-63.
X42.
G03 X48. Z-66. R3.
G01 X48. Z-67.
N40 X55.
```

```
G00 X150. Z150. T0100 M09
M05
M00

T0303
G96 S200 M03
G00 X55. Z5. M08
G70 P30 Q40 F0.1
G00 X150. Z150. T0300 M09
M05
M00

T0505
G97 S500 M03
G00 X45. Z-56.02 M08
G01 X33.96 F0.05
G04 P500
G01 X45.
Z-53.
G01 X33.96
G04 P500
G01 X45.
Z-52.8
G01 X40.
X39.6 Z-53.
G01 X45.
G00 Z-20.
G01 X12.
G04 P500
G01 X45.
G00 X150. Z150. T0500 M09
M05
M00

T0707
G97 S500 M03
G00 X25. Z5. M08
G76 P010060 Q50 R20
G76 P1190 Q350 X13.62 Z-18. F2.0
G00 X150. Z150. T0700 M09
M05
M02
%
```

6) 공개문제 6

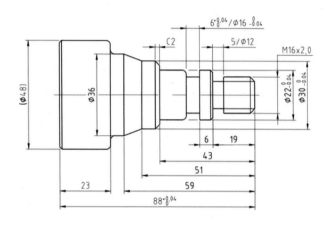

주서
1. 도시되고 지시없는 모따기 C1, 필렛 및 라운드 R2
2. 일반 모따기 C0.2~0.3

	M16×2.0 보통급	
수나사	외경	$15.962_{-0.28}^{0}$
	유효경	$14.663_{-0.16}^{0}$

공구번호	공구명	비고	공구번호	공구명	비고
T01	황삭 바이트		T05	홈 바이트	4mm
T03	정삭 바이트		T07	나사 바이트	

CNC선반 나사 절삭 데이터(참고용)											
절입 횟수	피치	1회	2회	3회	4회	5회	6회	7회	8회	계	비고
매회절삭 깊이	1.5	0.35	0.20	0.14	0.10	0.05	0.05	–	–	0.89	반경
	2.0	0.35	0.25	0.19	0.12	0.10	0.08	0.05	0.05	1.19	

※ 아래 프로그램은 전체 길이만큼 수작업으로 가공한 상태에서 작성한 프로그램이다.
※ 아래 프로그램에서 점선은 각 과정(선반 프로그램 작성순서 참조)을 구분한 것이다.
※ 프로그램 작성 시 '공작물 회전'과 같은 한글은 작성하지 않는다.
※ 음영 처리된 부분은 순차적으로 원활한 조립성을 위하여 X15.8, X13.4~13.5 가공을 권장한다.

```
%
O0006
G28 U0. W0.
G50 S2000

T0101
G96 S200 M03
G00 X55. Z5. M08
G71 U1.0 R0.5
G71 P10 Q20 U0.4 W0.2 F0.2
N10 G01 X-1.
Z0.
X46.
X48. Z-1.
Z-25.
N20 X55.
G00 X150. Z150. T0100 M09
M05
M00

T0303
G96 S200 M03
G00 X55. Z5. M08
G70 P10 Q20 F0.1
G00 X150. Z150. T0300 M09
M05
M00

(공작물 회전)

T0101
G96 S200 M03
G00 X55. Z5. M08
G71 U1.0 R0.5
G71 P30 Q40 U0.4 W0.2 F0.2
N30 G01 X-1.
Z0.
X14.
X16. Z-2.
Z-19.
X19.98
X21.98 Z-20.
Z-43.
X25.98
X29.98 Z-45.
Z-51.
X36. Z-59.
Z-63.
G02 X40. Z-65. R2.0
G01 X44. Z-65.
G03 X48. Z-67. R2.0
G01 X48. Z-68.
N40 X55.
```

```
G00 X150. Z150. T0100 M09
M05
M00

T0303
G96 S200 M03
G00 X55. Z5. M08
G70 P30 Q40 F0.1
G00 X150. Z150. T0300 M09
M05
M00

T0505
G97 S500 M03
G00 X30. Z-31.02 M08
G01 X15.96 F0.05
G04 P500
G01 X30.
Z-29.
G01 X15.96
G04 P500
G01 X30.
Z-28.8
G01 X22.
X21.6 Z-29.
G01 X30.
Z-33.
G01 X22.
G02 X18. Z-31. R2.0
G01 X30.
G00 Z-19.
G01 X12.
G04 P500
G01 X30.
Z-18.
G01 X12.
G04 P500
G01 X30.
G00 X150. Z150. T0500 M09
M05
M00

T0707
G97 S500 M03
G00 X25. Z5. M08
G76 P010060 Q50 R20
G76 P1190 Q350 X13.62 Z-16. F2.0
G00 X150. Z150. T0700 M09
M05
M02
%
```

7) 공개문제 7

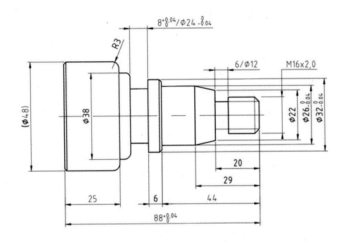

주서
1. 도시되고 지시없는 모따기 C1, 필렛 및 라운드 R2
2. 일반 모따기 C0.2~0.3

	M16×2.0 보통급	
수나사	외경	$15.962_{-0.28}^{0}$
	유효경	$14.663_{-0.16}^{0}$

공구번호	공구명	비고	공구번호	공구명	비고
T01	황삭 바이트		T05	홈 바이트	4mm
T03	정삭 바이트		T07	나사 바이트	

CNC선반 나사 절삭 데이터(참고용)											
절입 횟수	피치	1회	2회	3회	4회	5회	6회	7회	8회	계	비고
매회절삭 깊이	1.5	0.35	0.20	0.14	0.10	0.05	0.05	–	–	0.89	반경
	2.0	0.35	0.25	0.19	0.12	0.10	0.08	0.05	0.05	1.19	

※ 아래 프로그램은 전체 길이만큼 수작업으로 가공한 상태에서 작성한 프로그램이다.
※ 아래 프로그램에서 점선은 각 과정(선반 프로그램 작성순서 참조)을 구분한 것이다.
※ 프로그램 작성 시 '공작물 회전'과 같은 한글은 작성하지 않는다.
※ 음영 처리된 부분은 순차적으로 원활한 조립성을 위하여 X15.8, X13.4~13.5 가공을 권장한다.

```
%
O0007
G28 U0. W0.
G50 S2000

T0101
G96 S200 M03
G00 X55. Z5. M08
G71 U1.0 R0.5
G71 P10 Q20 U0.4 W0.2 F0.2
N10 G01 X-1.
Z0.
X46.
X48. Z-1.
Z-30.
N20 X55.
G00 X150. Z150. T0100 M09
M05
M00

T0303
G96 S200 M03
G00 X55. Z5. M08
G70 P10 Q20 F0.1
G00 X150. Z150. T0300 M09
M05
M00

(공작물 회전)

T0101
G96 S200 M03
G00 X55. Z5. M08
G71 U1.0 R0.5
G71 P30 Q40 U0.4 W0.2 F0.2
N30 G01 X-1.
Z0.
X14.
X16. Z-2.
Z-20.
X22.
X25.98 Z-29.
Z-44.
X29.98
X31.98 Z-45.
Z-58.
X34.
G03 X38. Z-60. R2.0
G01 X38. Z-63.
X42.
G03 X48. Z-66. R3.0
G01 X48. Z-67.
N40 X55.
```

```
G00 X150. Z150. T0100 M09
M05
M00

T0303
G96 S200 M03
G00 X55. Z5. M08
G70 P30 Q40 F0.1
G00 X150. Z150. T0300 M09
M05
M00

T0505
G97 S500 M03
G00 X40. Z-58.02 M08
G01 X23.96 F0.05
G04 P500
G01 X40.
Z-56.
G01 X23.96
G04 P500
G01 X40.
Z-54.
G01 X23.96
G04 P500
G01 X40.
Z-53.8
G01 X32.
X31.6 Z-54.
G01 X40.
G00 Z-20.
G01 X12.
G04 P500
G01 X40.
Z-18.
G01 X12.
G04 P500
G01 X40.
G00 X150. Z150. T0500 M09
M05
M00

T0707
G97 S500 M03
G00 X25. Z5. M08
G76 P010060 Q50 R20
G76 P1190 Q350 X13.62 Z-17. F2.0
G00 X150. Z150. T0700 M09
M05
M02
%
```

8) 공개문제 8

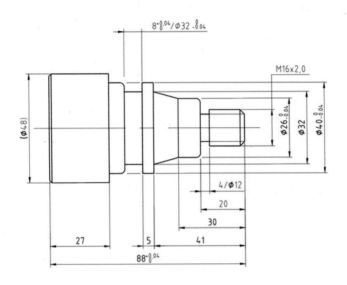

주서
1. 도시되고 지시없는 모따기 C1, 필렛 및 라운드 R2
2. 일반 모따기 C0.2~0.3

	M16×2.0 보통급	
수나사	외경	$15.962_{-0.28}^{0}$
	유효경	$14.663_{-0.16}^{0}$

공구번호	공구명	비고	공구번호	공구명	비고
T01	황삭 바이트		T05	홈 바이트	4mm
T03	정삭 바이트		T07	나사 바이트	

CNC선반 나사 절삭 데이터(참고용)										
절입 횟수	피치	1회	2회	3회	4회	5회	6회	7회	8회	계	비고
매회절삭	1.5	0.35	0.20	0.14	0.10	0.05	0.05	–	–	0.89	반경
깊이	2.0	0.35	0.25	0.19	0.12	0.10	0.08	0.05	0.05	1.19	

※ 아래 프로그램은 전체 길이만큼 수작업으로 가공한 상태에서 작성한 프로그램이다.
※ 아래 프로그램에서 점선은 각 과정(선반 프로그램 작성순서 참조)을 구분한 것이다.
※ 프로그램 작성 시 '공작물 회전'과 같은 한글은 작성하지 않는다.
※ 음영 처리된 부분은 순차적으로 원활한 조립성을 위하여 X15.8, X13.4~13.5 가공을 권장한다.

% O0008 G28 U0. W0. G50 S2000	M00
	T0303 G96 S200 M03 G00 X55. Z5. M08 G70 P30 Q40 F0.1 G00 X150. Z150. T0300 M09 M05 M00
T0101 G96 S200 M03 G00 X55. Z5. M08 G71 U1.0 R0.5 G71 P10 Q20 U0.4 W0.2 F0.2 N10 G01 X−1. Z0. X46. X48. Z−1. Z−30. N20 X55. G00 X150. Z150. T0100 M09 M05 M00	
	T0505 G97 S500 M03 G00 X45. Z−54.02 M08 G01 X31.96 F0.05 G04 P500 G01 X45. Z−52. G01 X31.96 G04 P500 G01 X45. Z−50. G01 X31.96 G04 P500 G01 X45. Z−49.8 G01 X40. G01 X39.6 Z−50. G01 X45. Z−56. G01 X40. G02 X36. Z−54. R2.0 G01 X45. G00 Z−20. G01 X12. G04 P500 G01 X45. G00 X150. Z150. T0500 M09 M05 M00
T0303 G96 S200 M03 G00 X55. Z5. M08 G70 P10 Q20 F0.1 G00 X150. Z150. T0300 M09 M05 M00	
(공작물 회전)	
T0101 G96 S200 M03 G00 X55. Z5. M08 G71 U1.0 R0.5 G71 P30 Q40 U0.4 W0.2 F0.2 N30 G01 X−1. Z0. X14. X16. Z−2. Z−20. X21.98 G03 X25.98 Z−22. R2.0 G01 X25.98 Z−30. X32. Z−41. X39.58 X39.98 Z−41.2 Z−61. X47.6 X48. Z−61.2 Z−63. N40 X55. G00 X150. Z150. T0100 M09 M05	T0707 G97 S500 M03 G00 X25. Z5. M08 G76 P010060 Q50 R20 G76 P1190 Q350 X13.62 Z−18. F2.0 G00 X150. Z150. T0700 M09 M05 M02 %

9) 공개문제 9

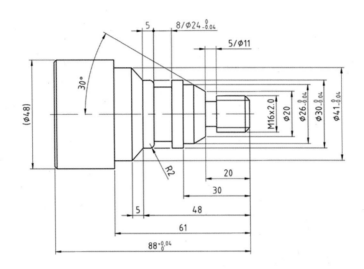

주서
1. 도시되고 지시없는 모따기 C1, 필렛 및 라운드 R2
2. 일반 모따기 C0.2~0.3

	M16×2.0 보통급	
수나사	외경	$15.962_{-0.28}^{0}$
	유효경	$14.663_{-0.16}^{0}$

공구번호	공구명	비고	공구번호	공구명	비고
T01	황삭 바이트		T05	홈 바이트	4mm
T03	정삭 바이트		T07	나사 바이트	

CNC선반 나사 절삭 데이터(참고용)										
절입 횟수	피치	1회	2회	3회	4회	5회	6회	7회	8회	계	비고
매회절삭	1.5	0.35	0.20	0.14	0.10	0.05	0.05	–	–	0.89	반경
깊이	2.0	0.35	0.25	0.19	0.12	0.10	0.08	0.05	0.05	1.19	

※ 아래 프로그램은 전체 길이만큼 수작업으로 가공한 상태에서 작성한 프로그램이다.
※ 아래 프로그램에서 점선은 각 과정(선반 프로그램 작성순서 참조)을 구분한 것이다.
※ 프로그램 작성 시 '공작물 회전'과 같은 한글은 작성하지 않는다.
※ 음영 처리된 부분은 순차적으로 원활한 조립성을 위하여 X15.8, X13.4~13.5 가공을 권장한다.

```
%
O0009
G28 U0. W0.
G50 S2000

T0101
G96 S200 M03
G00 X55. Z5. M08
G71 U1.0 R0.5
G71 P10 Q20 U0.4 W0.2 F0.2
N10 G01 X-1.
Z0.
X46.
X48. Z-1.
Z-30.
N20 X55.
G00 X150. Z150. T0100 M09
M05
M00

T0303
G96 S200 M03
G00 X55. Z5. M08
G70 P10 Q20 F0.1
G00 X150. Z150. T0300 M09
M05
M00


(공작물 회전)

T0101
G96 S200 M03
G00 X55. Z5. M08
G71 U1.0 R0.5
G71 P30 Q40 U0.4 W0.2 F0.2
N30 G01 X-1.
Z0.
X14.
X16. Z-2.
Z-20.
X20.
X25.98 Z-25.2
Z-30.
X29.58
X29.98 Z-30.2
Z-48.
X40.98 Z-53.
Z-61.
X47.6
X48. Z-61.2
Z-62.
N40 X55.
G00 X150. Z150. T0100 M09
M05
M00
```

```
T0303
G96 S200 M03
G00 X55. Z5. M08
G70 P30 Q40 F0.1
G00 X150. Z150. T0300 M09
M05
M00

T0505
G97 S500 M03
G00 X35. Z-43. M08
G01 X23.96 F0.05
G04 P500
G01 X35.
Z-41.
G01 X23.96
G04 P500
G01 X35.
Z-39.
G01 X23.96
G04 P500
G01 X35.
Z-38.8
G01 X30.
X29.6 Z-39.
G01 X35.
Z-45.
G01 X30.
G02 X26. Z-43. R2.0
G01 X35.
G00 Z-20.
G01 X11.
G04 P500
G01 X35.
Z-19.
G01 X11.
G04 P500
G01 X35.
G00 X150. Z150. T0500 M09
M05
M00


T0707
G97 S500 M03
G00 X25. Z5. M08
G76 P010060 Q50 R20
G76 P1190 Q350 X13.62 Z-17. F2.0
G00 X150. Z150. T0700 M09
M05
M02
%
```

10) 공개문제 10

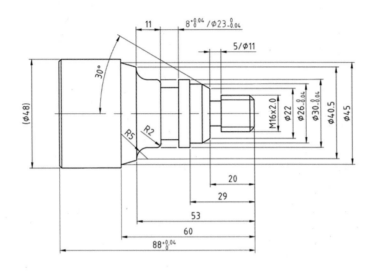

주서
1. 도시되고 지시없는 모따기 C1, 필렛 및 라운드 R2
2. 일반 모따기 C0.2~0.3

		M16×2.0 보통급	
수나사	외경	$15.962_{-0.28}^{0}$	
	유효경	$14.663_{-0.16}^{0}$	

공구번호	공구명	비고	공구번호	공구명	비고
T01	황삭 바이트		T05	홈 바이트	4mm
T03	정삭 바이트		T07	나사 바이트	

CNC선반 나사 절삭 데이터(참고용)										
절입 횟수	피치	1회	2회	3회	4회	5회	6회	7회	8회	계	비고
매회절삭	1.5	0.35	0.20	0.14	0.10	0.05	0.05	–	–	0.89	반경
깊이	2.0	0.35	0.25	0.19	0.12	0.10	0.08	0.05	0.05	1.19	

※ 아래 프로그램은 전체 길이만큼 수작업으로 가공한 상태에서 작성한 프로그램이다.
※ 아래 프로그램에서 점선은 각 과정(선반 프로그램 작성순서 참조)을 구분한 것이다.
※ 프로그램 작성 시 '공작물 회전'과 같은 한글은 작성하지 않는다.
※ 음영 처리된 부분은 순차적으로 원활한 조립성을 위하여 X15.8, X13.4~13.5 가공을 권장한다.

% O0010 G28 U0. W0. G50 S2000	N40 X55. G00 X150. Z150. T0100 M09 M05 M00
T0101 G96 S200 M03 G00 X55. Z5. M08 G71 U1.0 R0.5 G71 P10 Q20 U0.4 W0.2 F0.2 N10 G01 X-1. Z0. X46. X48. Z-1. Z-30. N20 X55. G00 X150. Z150. T0100 M09 M05 M00	T0303 G96 S200 M03 G00 X55. Z5. M08 G70 P30 Q40 F0.1 G00 X150. Z150. T0300 M09 M05 M00
	T0505 G97 S500 M03 G00 X35. Z-42. M08 G01 X22.96 F0.05 G04 P500 G01 X35. Z-40.
T0303 G96 S200 M03 G00 X55. Z5. M08 G70 P10 Q20 F0.1 G00 X150. Z150. T0300 M09 M05 M00	G01 X22.96 G04 P500 G01 X35. Z-37.98 G01 X22.96 G04 P500 G01 X35.
(공작물 회전)	Z-37.8 G01 X30. X29.6 Z-38. G01 X35.
T0101 G96 S200 M03 G00 X55. Z5. M08 G71 U1.0 R0.5 G71 P30 Q40 U0.4 W0.2 F0.2 N30 G01 X-1. Z0. X14. X16. Z-2. Z-20. X22. X25.98 Z-23.46 Z-29. X29.58 X29.98 Z-29.2 Z-48. G02 X39.98 Z-53. R5. G01 X40.5 X45. Z-60. X47.6 X48. Z-60.2 Z-62.	Z-44. G01 X30. G02 X26. Z-42. R2.0 G01 X35. G00 Z-20. G01 X11. G04 P500 G01 X35. Z-19. G01 X11. G04 P500 G01 X35. G00 X150. Z150. T0500 M09 M05 M00
	T0707 G97 S500 M03 G00 X25. Z5. M08 G76 P010060 Q50 R20

```
G76 P1190 Q350 X13.62 Z-17. F2.0
G00 X150. Z150. T0700 M09
M05
M02
%
```

11) 공개문제 11

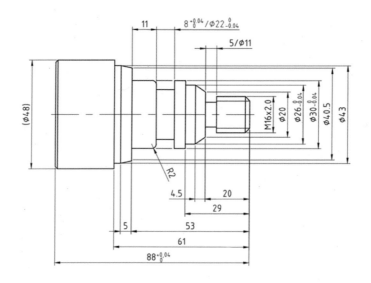

주서
1. 도시되고 지시없는 모따기 C1, 필렛 및 라운드 R2
2. 일반 모따기 C0.2~0.3

	M16×2.0 보통급	
수나사	외경	$15.962_{-0.28}^{0}$
	유효경	$14.663_{-0.16}^{0}$

공구번호	공구명	비고	공구번호	공구명	비고
T01	황삭 바이트		T05	홈 바이트	4mm
T03	정삭 바이트		T07	나사 바이트	

CNC선반 나사 절삭 데이터(참고용)										
절입 횟수	피치	1회	2회	3회	4회	5회	6회	7회	8회	계	비고
매회절삭 깊이	1.5	0.35	0.20	0.14	0.10	0.05	0.05	–	–	0.89	반경
	2.0	0.35	0.25	0.19	0.12	0.10	0.08	0.05	0.05	1.19	

※ 아래 프로그램은 전체 길이만큼 수작업으로 가공한 상태에서 작성한 프로그램이다.
※ 아래 프로그램에서 점선은 각 과정(선반 프로그램 작성순서 참조)을 구분한 것이다.
※ 프로그램 작성 시 '공작물 회전'과 같은 한글은 작성하지 않는다.
※ 음영 처리된 부분은 순차적으로 원활한 조립성을 위하여 X15.8, X13.4~13.5 가공을 권장한다.

% O0011 G28 U0. W0. G50 S2000	N40 X55. G00 X150. Z150. T0100 M09 M05 M00
T0101 G96 S200 M03 G00 X55. Z5. M08 G71 U1.0 R0.5 G71 P10 Q20 U0.4 W0.2 F0.2 N10 G01 X−1. Z0. X46. X48. Z−1. Z−30. N20 X55. G00 X150. Z150. T0100 M09 M05 M00	T0303 G96 S200 M03 G00 X55. Z5. M08 G70 P30 Q40 F0.1 G00 X150. Z150. T0300 M09 M05 M00
T0303 G96 S200 M03 G00 X55. Z5. M08 G70 P10 Q20 F0.1 G00 X150. Z150. T0300 M09 M05 M00	T0505 G97 S500 M03 G00 X35. Z−42. M08 G01 X21.96 F0.05 G04 P500 G01 X35. Z−40. G01 X21.96 G04 P500 G01 X35. Z−37.98 G01 X21.96 G04 P500 G01 X35. Z−37.8 G01 X30. X29.6 Z−38. G01 X35. Z−44. G01 X30. G02 X26. Z−42. R2.0 G01 X35. G00 Z−20. G01 X11. G04 P500 G01 X35. Z−19. G01 X11. G04 P500 G01 X35. G00 X150. Z150. T0500 M09 M05 M00
(공작물 회전)	
T0101 G96 S200 M03 G00 X55. Z5. M08 G71 U1.0 R0.5 G71 P30 Q40 U0.4 W0.2 F0.2 N30 G01 X−1. Z0. X14. X16. Z−2. Z−20. X20. X25.98 Z−24.5 Z−29. X29.58 X29.98 Z−29.2 Z−53. X40.5 X43. Z−58. Z−61. X47.6 X48. Z−61.2 Z−62.	
	T0707 G97 S500 M03 G00 X25. Z5. M08 G76 P010060 Q50 R20

```
G76 P1190 Q350 X13.62 Z-17. F2.0
G00 X150. Z150. T0700 M09
M05
M02
%
```

12) 공개문제 12

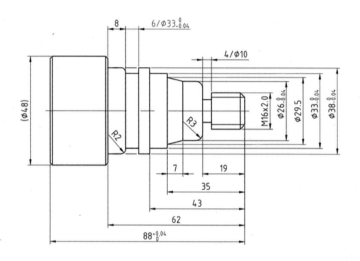

주서
1. 도시되고 지시없는 모따기 C1, 필렛 및 라운드 R2
2. 일반 모따기 C0.2~0.3

	M16×2.0 보통급	
수나사	외경	$15.962_{-0.28}^{0}$
	유효경	$14.663_{-0.16}^{0}$

공구번호	공구명	비고	공구번호	공구명	비고
T01	황삭 바이트		T05	홈 바이트	4mm
T03	정삭 바이트		T07	나사 바이트	

CNC선반 나사 절삭 데이터(참고용)										
절입 횟수	피치	1회	2회	3회	4회	5회	6회	7회	8회	계	비고
매회절삭	1.5	0.35	0.20	0.14	0.10	0.05	0.05	–	–	0.89	반경
깊이	2.0	0.35	0.25	0.19	0.12	0.10	0.08	0.05	0.05	1.19	

※ 아래 프로그램은 전체 길이만큼 수작업으로 가공한 상태에서 작성한 프로그램이다.
※ 아래 프로그램에서 점선은 각 과정(선반 프로그램 작성순서 참조)을 구분한 것이다.
※ 프로그램 작성 시 '공작물 회전'과 같은 한글은 작성하지 않는다.
※ 음영 처리된 부분은 순차적으로 원활한 조립성을 위하여 X15.8, X13.4~13.5 가공을 권장한다.

```
%
O0012
G28 U0. W0.
G50 S2000

T0101
G96 S200 M03
G00 X55. Z5. M08
G71 U1.0 R0.5
G71 P10 Q20 U0.4 W0.2 F0.2
N10 G01 X-1.
Z0.
X46.
X48. Z-1.
Z-30.
N20 X55.
G00 X150. Z150. T0100 M09
M05
M00

T0303
G96 S200 M03
G00 X55. Z5. M08
G70 P10 Q20 F0.1
G00 X150. Z150. T0200 M09
M05
M00

(공작물 회전)

T0101
G96 S200 M03
G00 X55. Z5. M08
G71 U1.0 R0.5
G71 P30 Q40 U0.4 W0.2 F0.2
N30 G01 X-1.
Z0.
X14.
X16. Z-2.
Z-19.
X19.98
G03 X25.98 Z-22. R3.
G01 X25.98 Z-28.
X29.5 Z-35.
X32.58
X32.98 Z-35.2
Z-43.
X37.58
X37.98 Z-43.2
Z-62.
X46.
X48. Z-63.
```

```
N40 X55.
G00 X150. Z150. T0100 M09
M05
M00

T0303
G96 S200 M03
G00 X55. Z5. M08
G70 P30 Q40 F0.1
G00 X150. Z150. T0200 M09
M05
M00

T0505
G97 S500 M03
G00 X42. Z-54. M08
G01 X32.96 F0.05
G04 P500
G01 X42.
Z-51.98
G01 X32.96
G04 P500
G01 X42.
Z-51.8
G01 X38.
X37.6 Z-52.
G01 X42.
Z-56.
G01 X38.
G02 X34. Z-54. R2.0
G01 X42.
G00 Z-19.
G01 X10.
G04 P500
G01 X30.
G00 X150. Z150. T0300 M09
M05
M00

T0707
G97 S500 M03
G00 X25. Z5. M08
G76 P010060 Q50 R20
G76 P1190 Q350 X13.62 Z-17. F2.0
G00 X150. Z150. T0400 M09
M05
M02
%
```

GV-CNC 실기 · 실무 활용서

발행일 | 2023. 3. 10 초판발행

저 자 | 다솔유캠퍼스 · 박은철 · 이주봉
발행인 | 정용수
발행처 | 예문사

주 소 | 경기도 파주시 직지길 460(출판도시) 도서출판 예문사
T E L | 031) 955 – 0550
F A X | 031) 955 – 0660
등록번호 | 11 – 76호

정가 : 23,000원

ISBN 978-89-274-4995-9 13550